Michael Grewe · Inez Meyer

Hoffnung auf Freundschaft

Das erste Jahr des Hundes

Mit Illustrationen von Miriam Warwas

KOSMOS

Allen Canis-Absolventen, die Menschen und
Hunden dabei helfen, sich aneinander zu freuen!

INHALT

ZUM GELEIT

„Das Empordämmern eines versunkenen Winkels aus frühester Kindheit, zum Beipsiel in der Langeweile eines hitzeschwangeren Nachmittags; und die zehrende Süße angesichts des unverbrauchten Vorrats an Zeit" – so benennt der amerikanische Epiker Thomas Wolfe „das Ganze, das Urvertrauen, die Geborgenheit", wenn er über Kindheit, Zeit und Sinneseindrücke sinniert, über das „verlorene Paradies" der Kindheit.

Generell ist das, weniger poetisch ausgedrückt, bei kleinen Hunden ebenso. Das „Kleine Plädoyer für die lange Weile" beschreibt im neuen Buch von Michael Grewe und Inez Meyer diese entspannte, vertraute Auseinandersetzung des Welpen mit der Umwelt, wenn sich reckend, beobachtend, tastend und riechend Momente des „Nichtstuns" genossen werden, die mitunter in gezieltes Neugierverhalten oder Spielbewegungen mit dem eigenen Körper oder mit Objekten übergehen können. Sie gehören zum Ruhepol eines Hundes dazu und sind äußerst hilfreich, um mit sich und der Umwelt zurechtzukommen – gerade auch angesichts der Hektik vieler Hundeleben heute. Langeweile leben ist eben mitnichten Nichtstun.

Das Spiel ist der Königsweg der Entwicklung, des Lernens, des Denkens, es ist eine Art von tätigen Tagträumen. Das gilt auch für die Entwicklung eines Welpen, der sich spielend erkundet, in Auseinandersetzung mit Umweltgegebenheiten. Ich danke den Autoren, dass auf die Bedeutung des Herumstromerns für kleine Hunde verwiesen wird!

Wer meint, im neuen Buch von Michael Grewe und Inez Meyer eine Art Anleitung zu finden, wie er möglichst problemlos vom Welpen zum gut erzogenen Hund und dessen erhoffter Freundschaft kommt, der irrt natürlich. Und er hat den Fehler gemacht, das erste Buch der Beiden nicht zu kennen. Denn hätte er es gelesen, würde er nicht auf etwas hoffen, was auch hier nicht im Ansatz stattfindet: das Duo Grewe / Meyer liefert keine Rezepte. Dafür schrieb es wieder ein so wichtiges wie kluges, schönes und kurzweiliges Buch, das man den Lesefluss nie unterbrechen mag. Ich jedenfalls konnte das Manuskript erst fertig gelesen zur Seite legen.

„Erziehung ist ganz einfach. Aber alles andere als simpel", so Michael Grewe und Inez Meyer. Stimmt. Stellt doch die Eingliederung eines Hundes in die Familie immer wieder auch deren soziale Strukturen in Frage und auf die Probe, wird dem Hundehalter vor Augen geführt, was er sozial zu leisten vermag. Von ihm und an ihm und seinem Tun lernt der kleine Hund schließlich, ändert sein Verhalten durch Erfahrungen mit ihm.

Beschrieben wird die fiktive Entwicklung zweier Hunde, Australian Shepherd-Rüden, Geschwister, beginnend mit der neunten Lebenswoche nach einem guten Start bei verantwortungsvollem Züchter.

Es sind keine Fallbeispiele, die nun verallgemeinert werden. Diese Form der subjektiven, da pauschalierenden „Verhaltensbeugung" gibt es hier nicht. Ein „wenn dieses, dann das"-Denken wäre ja auch wenig sinnvoll, da Entwicklung nicht gradlinig verläuft, vielmehr von so vielen Faktoren und Möglichkeiten abhängt, die einander zudem mehr oder weniger stark beeinflussen. Genetische Veranlagungen in ständiger Auseinandersetzung mit der belebten und unbelebten Umwelt etwa, die das soziale Miteinander immer wieder – fein aufeinander abgestimmt – beeinflussen.

Statt der als wenig hilfreich erachteten Fallbeispiele werden zwei „Möglichkeiten der Entwicklung" vergleichend betrachtet und in ihrem Werdegang (auf feinster Hundebeobachtung basierend) detailliert beschrieben und punktuell diskutiert. Denn es geht ja immer wieder um kommunikative Details zwischen Welpe und

Mensch. Da sind die vielen feinen Modalitäten gegenseitiger Beeinflussung, die in verschiedenen Situationen angedacht und bezüglich ihrer Wirkungen hinterfragt werden. Und so kommen wir immer wieder zu Weggabelungen, zu verschiedenen Möglichkeiten des Umgangs mit dem Welpen, auf dessen Weg der Erziehung so Vieles möglich ist.

Das Buch fasziniert mich durch seine klare und kluge Analytik bezüglich der mosaikartig auftretenden Verhaltenssituationen, die für die Entwicklung der Hunde von Belang ist. Es begeistert mich, weil stets mehrere Möglichkeiten, einen Entwicklungsstrang nach rechts oder links anzudenken, geboten werden, was dem Verstehen dieses komplexen Prozesses, der Entwicklung, zuträglich ist. Reifungs- und Lernprozesse und genetische Veranlagung beeinflussen sich in ständiger Wechselwirkung, in feinem Zusammenspiel. Der Hinweis auf den Hund und dessen „ungünstige Genetik" zählt nicht, der Mensch ist dabei, von Anbeginn, und trägt Verantwortung. Entwicklung ist kontinuierliche Veränderung. Art und Ausmaß dieser Veränderungen liefert das Wechselspiel zwischen genetischer Veranlagung mit Lernprozessen.

Der Leser wird mitgenommen in zwei Entwicklungsgeschichten und kann sich immer prägnanter vorstellen, welch große Wirkungen vermeintliche Kleinigkeiten haben können. Beide Familien sind bestrebt, dieses Geschehen so zu steuern, dass es „ein harmonisches Ganzes wird", dass Harmonie und eben Freundschaft resultiert.

Über die Darstellung mannigfaltiger sozialer Situationen wird verdeutlicht, was Klarheit in der Kommunikation, der Erziehung bedeutet, wo Missverständliches entstehen kann – oder eigentlich muss. Der Leser erlebt die beiden Entwicklungsabläufe hautnah mit und erkennt Schwachstellen oder Richtiges, situativ punktgenau Treffendes bzw. Unangemessenes. Die Entwicklung der Hunde wird also vorrangig in Bezug auf deren Sozialisation befragt und betrifft die Auswirkung der Erziehung, der sozialen Eingliederung der Welpen in das soziale Gefüge Hund / Mensch. Darum geht es ja auch vorrangig in dieser Zeit der ebenso schnellen wie tiefgreifenden Veränderungen eines Hundes – ein Fakt, der jedoch niemanden zur Hektik treiben und unter Erfolgszwang setzen sollte.

Entwicklung braucht doch Ruhe und soziale Sicherheit und das heißt Menschen, die ganz normal leben.

Die Ereignisse sehen in den Lebensgeschichten der Geschwisterrüden so unterschiedlich aus wie es die Familien mit ihren Lebensumständen, ihren Erwartungen an den Hund, ihren sozialen Möglichkeiten sind. Die Folgen sozialer Erfahrungen für die Hunde, die zwar Geschwister sind, sich jedoch in ihren Charaktereigenschaften deutlich voneinander unterscheiden, wären in Art und Feinheit des Gelernten, das etwa bestimmte Probleme in spezifischen Situationen betrifft, so grundverschieden dennoch nicht – wäre ihre soziale Umwelt identisch. Menschen und Hunde eint ein Angewiesensein auf Erziehung und Sozialisation im weiteren Sinne, mit Hilfe ihrer großen Anpassungsfähigkeit, „geliefert" von der Plastizität ihres Gehirns mit seiner Fähigkeit zum ständigen Umbau, können sie aber ausgleichend lernen. Verschiedene Anforderungen müssen Unterschiedliches ausgleichen, so oder so. Kleine Hunde können sich einstellen, lernen bestimmte Strategien, um ihre Ziele zu erreichen bzw. Störungen zu vermeiden.

Sensible Phasen sind ja als Zeiten erhöhter Empfänglichkeit für die Auseinandersetzung mit der Umwelt, speziell der sozialen Umwelt, sehr geeignet für „strategisches Modellieren" … . Es sind Phasen in Lebensabschnitten, in denen der Organismus insgesamt in Umorganisation begriffen ist, damit neue Probleme wie neue Einstellungen auftreten, denen wiederum durch Verhaltens-umstellungen zu begegnen ist.

Unterschiedlichen Lebensbedingungen wird verschieden begegnet, die Anpassungsmöglichkeiten junger Hunde sind immens.

Beschrieben und diskutiert werden die erste sensible Phase (3. – 12. / 16. Lebenswoche) und die zweite sensible Zeit des anatomischen, physiologischen und Verhaltenswandels mit dem Übergang in die Geschlechtsreife. Das Lernen an den Folgen des Verhaltens in dieser Zeit, des eigenen Verhaltens und den Reaktionen des Menschen und vice versa, wird eindrucksvoll dargestellt.

Das Explorationsverhalten der Welpen wird zunehmend flexibel und Probleme lösen die Welpen immer exakter und präziser. Das Gehirn entwickelt sich entsprechend der Erfahrungspalette: Erfahrungen, auch Gefühle wie Freude oder Traurigkeit, hinterlassen ihre Spuren, die Kontaktstellen zwischen bestimmten Nervenzellen (Synapsen) verstärken sich und es werden immer wieder neue Nervenbahnen gebildet, alte werden verstärkt. Zentralnervöse Spuren des Lernens können einseitig sein, sich als „breite, immer wieder befahrene Straßen" darstellen, etwa wenn ein bestimmtes Verhalten sehr einseitig vom Menschen gefördert wird. Alternativmöglichkeiten sind hier rar oder im Extrem nicht vorhanden. Ein reich verbundenes Nervenzell-Netzwerk steht für ebensolch reichhaltige Möglichkeiten der Auswahl des Verhaltens. Lernen steht also biochemisch für die Weiterleitung von Signalen zwischen bestimmten Nervenzellen, was Spuren im Gehirn hinterlässt. Unstimmigkeiten in Reaktion und Körpersprache des Menschen werden vom Welpen bald als ambivalent decodiert, sogenanntes Ignorieren sozialer Herausforderungen (Flegeleien) des Welpen als Akzeptanz dieser – und plötzliche erregte Sätze, die nicht zuzuordnen sind, als Indiz einer herabgesetzten Handlungsfähigkeit des Menschen. Dieses Buch lebt von den vielen Beispielen missverständlicher Kommunikationen – aus Sicht des Menschen. Hunde beobachten exzellent, vermögen im Sinne der von Lorenz beschriebenen Übersummativität (das Ganze ist mehr als die Summe seiner Teile) assoziativ verbundene Elemente oder Eigenschaften wahrzunehmen, die den Ausdruck, damit das Gefühl, die Botschaft, zu verändern vermögen (Gesamtgestalt „hinter der Gestalt") und sie lesen uns so schnell wie präzise. Unsere Stimmungen sind ihnen vertraut und sie stellen sich blitzschnell auf uns ein.

Dem Anfrageverhalten explorativer Welpen sollte zeitnah und klar begegnet werden, ohne Anspannung und Aufregung und das

Nachdenken über die Bindung des Kerlchens an uns – denn all das fließt in unsere Kommunikation mit ein.

„Es bedarf des Nachdenkens, der Infragestellung eigener Gewohnheiten, emotionaler Bedürfnisse und Ansprüche, es bedarf des genauen Hinschauens ... Die Verhaltensweisen, die wir von einem gut sozialisierten Hund verlangen, setzen weit mehr voraus als sich – mit oder lohne Leckerli – auf Kommando zu setzen oder hinzulegen. Sie setzen voraus gelernt zu haben, wo das eigene Ich, die eigenen Wünsche und Begehrlichkeiten aufhören und die eines anderen bzw. die der Umwelt beginnen. Sie setzen voraus gelernt zu haben, nicht immer alles zu bekommen und dann und wann zurückzustecken. Sie setzen also eine Einschränkung voraus – eine Einschränkung, die vom Hund nicht nur verstanden, sondern auch akzeptiert werden muss."

Das Buch ist spannend, seine grundlegenden Inhalte und so viele Aspekte der Ontogenese sind weder in der Praxis noch theoretisch so klar durchdacht und formuliert worden wie in diesem tollen Buch.

Einfach, aber nicht simpel. Meinen Glückwunsch den Autoren!

Dr. Dorit Urd Feddersen-Petersen
Ethologin am Institut für Haustierkunde der Universität Kiel

REZEPTE SIND ZUM KOCHEN GUT …

Erziehung ist eigentlich ganz einfach – warum aber haben dann so viele Hundebesitzer ihre Mühe und Not damit? Warum lassen sie sich von ihrem kleinen Liebling tyrannisieren? Warum suchen sie Hundetrainer, Verhaltensberater und Hundepsychologen auf? Warum lesen sie jedes neue Buch, das zu diesem Thema auf den Markt kommt? Etwa weil Erziehung ganz einfach ist – und nur der Mensch kompliziert?

Erziehung ist wirklich ganz einfach. Aber alles andere als simpel. Der Weg durch die Erziehung ist ein Weg mit unendlich vielen Abzweigungen. Das macht die Sache zwar sehr vielschichtig, aber nicht zwangsläufig undurchsichtig. Und gleich vorab: Erziehung ist kein Rezept, sie kann es gar nicht sein. Rezepte sind zum Kochen gut, in der Erziehung aber haben sie nichts zu suchen. Hier geht es darum, dass sich der Mensch darüber im Klaren ist, was gerade mit ihm, mit seinem Welpen, mit der Umwelt passiert. Mit ihm und seinen Gefühlen, mit seinem Welpen und dessen Bedürfnissen, mit der Umwelt und deren Anforderungen.

Um eine klare Linie in der Erziehung zu verfolgen, bedarf es weder rigider Kommandos, noch der immer wieder allseits gepriesenen „Konsequenz“. Aber es bedarf des Nachdenkens, der Infragestellung eigener Gewohnheiten, emotionaler Bedürfnisse und Ansprüche, es bedarf des genauen Hinschauens.

In diesem Buch werden wir zwei Hunde vom Welpenalter bis zum erwachsenen Hund begleiten. Im Verlauf dieses ersten Jahres im Leben der beiden Hunde werden wir immer wieder die Möglichkeit haben, nach rechts oder nach links abzubiegen, dieses oder jenes zu tun – oder es zu lassen. Was passiert da gerade? Was muss man jetzt bedenken? Warum ist das so? Kann man das auch anders machen? Sind alle Hunde gleich? Hat das etwas mit der Rasse zu tun? Wenn ja, wie müsste man sich als Mensch verhalten? Kann man da erzieherisch eingreifen? Welche Prozesse kann man steuern – und welche nicht? Das alles sind Fragen, die sich nicht in einem Rezept unterbringen lassen, auch nicht in einem dicken Kochbuch. „Ihr Welpe: In wenigen Wochen zum perfekten Hund" – das kann es in der Hundeerziehung nicht geben. Denn kein Leben verläuft immer geradeaus, kein Gehirn entwickelt sich nur in eine Richtung, keine Welt ist je ein einheitliches Ganzes. Gerade das macht es ja so spannend!

Weder können noch wollen wir nur eine Linie stringent verfolgen, vielmehr werden wir mit Ihnen gemeinsam diesen und jenen Exkurs wagen. Um dann vielleicht festzustellen: Wir haben viel gesehen und am Ende der Reise haben sich die unzähligen Puzzlestückchen zu einem Bild von Erziehung zusammengefügt, mit dem wir etwas anfangen können.

Es ist alles ganz einfach. Aber eben nicht simpel.

BANDIT AUF DEM PRÜFSTAND

Der 15. November 2011 ist ein kalter, nebliger Tag. Nieselregen liegt in der Luft, die spätherbstliche Kälte kriecht unter die Haut. Ein ganz normaler Tag in Schleswig-Holstein. Normal für fast alle – nur nicht für Bandit.

Bandit, ein einjähriger Australian Shepherd-Rüde, ist mit seinen beiden Menschen, Holger und Merle B., gekommen. Holger steht etwas abseits und raucht. Merle hockt neben Bandit, nestelt mit der Leine und streicht ihrem Hund über den Kopf. Als sie Herrn P., den Sachverständigen, auf sich zukommen sieht, richtet sie sich auf und versucht ein Lächeln. Bandit dagegen wendet den Blick ab und geht unschlüssig einen Schritt zurück. Obwohl die drei gemeinsam gekommen sind, wirken sie jeder für sich unendlich allein.

Die nächsten Stunden werden über Bandits Zukunft entscheiden. Wird er einen Maulkorb tragen müssen, darf er nur noch angeleint vor die Tür? Wie lange wird er möglicherweise nicht mehr mit anderen Hunden frei laufen und toben können? Sechs Monate, ein Jahr ... lebenslänglich?

Herr P., der diesen Wesenstest abnehmen wird, versucht die angespannte Situation etwas aufzulockern. Er weiß, unter welcher Anspannung die Halter stehen, er kennt die bemüht freundlichen Gesichter, unter deren Oberfläche die blanke Angst zittert. Herr P. weiß auch, dass das Resultat dieser Prüfung lediglich eine Momentaufnahme von Bandits Verhalten bzw. Fehlverhalten darstellt. Ein Schnappschuss, der zu einer Beurteilung führen wird, bei der auch menschliche Faktoren, wie beispielsweise gegenseitige Sympathie, eine nicht geringe Rolle spielen.

Merle redet plötzlich sehr viel. Darüber, dass Bandit eigentlich ein lieber Hund sei. Dass der Vorfall im Park der erste seiner Art gewesen sei. Dass der Hund doch noch so jung sei. Dass er nichts dafür könne, vielmehr sie die Schuld an seinem Fehlverhalten trage. Dass das alles wie ein böser Traum sei. Dass sie Angst um ihn habe. Und dass sie ihn liebe.

Holger geht schweigend neben ihnen. Erst ganz am Schluss, als seine Frau mit den Tränen kämpft und nichts mehr sagt, bemerkt er resigniert: „Sie hat sich mit seiner Erziehung immer so viel Mühe gegeben." Dann schweigen alle drei, während Bandit nervös vor ihnen von einer Seite zur anderen tänzelt.

Was war vorgefallen? Bandit hatte im Park einen anderen Hund attackiert. Der andere Hund musste tierärztlich versorgt werden. Seine Halterin hat daraufhin Merle B. angezeigt und ihr vorgeworfen, ihr Hund Bandit habe die Streiterei vom Zaun gebrochen. Einfach so, aus dem Nichts heraus, habe Bandit ihrem Hund ein paar Löcher in den Hals getackert. Ihr Hund sei seitdem traumatisiert und meide andere Hunde, die wie Bandit aussähen oder solche, die sich schnell in seine Richtung bewegten. Nein, sie habe das Gespräch mit Bandits Haltern nicht gesucht. Sie habe Bandit angezeigt, weil man ja wisse, womit man bei „solchen Hunden" in ein paar Jahren zu rechnen habe. Dass der Hundehalter des Hundehalters ärgster Feind ist, illustriert auch dieses Beispiel recht eindrucksvoll.

Während des Wesenstests dürfen weder Merle noch Holger ihren Hund beeinflussen. Keine Ermahnung, keine Erinnerung an bereits eintrainiertes Verhalten, kein Lob, nichts. Merle steht wie versteinert am Wegrand und geht durch die Hölle. Wie wird es werden? Wird Bandit noch ein Hund sein dürfen, oder wird er eine Art Gefangener werden? Warum hat sie nicht eher etwas getan? Schließlich hat Bandit auch schon nach ihrem Mann und nach ihr geschnappt, sie angeknurrt, ihnen die Zähne gezeigt. Und gebissen, ja, das hat er sie auch schon ein, zwei Mal. Mehr nicht, wirklich. Es war auch nicht schlimm, das waren sicher Ausrutscher gewesen.

Die Erziehung ihres Hundes war Merle von Anfang an sehr wichtig gewesen und sie hat einiges dafür getan. Welpenschule, Junghundgruppe Anfänger und Fortgeschrittene, Rückruftraining, Agility, Obedience, Trickdogging, Fährtensuche und Apportieren – Bandit und sie haben keinen Kurs der Hundeschule ausgelassen. Es hat auch immer Spaß gemacht, ganz besonders Merle. Bandit seinerseits fand sowohl das Apportier- als auch das Rückruftraining nicht so prickelnd, aber da musste er durch. Beim Agility war er topp. Darüber hinaus beherrschte er das High Five, Gib Pfötchen und Toter Mann, Letzteres so überzeugend, dass es einem Angst einjagen konnte. Er war doch gar kein schlechter Hund, ganz im Gegenteil! Warum aber waren sie jetzt hier?

Sie waren hier, weil Bandit sich nur schwer etwas sagen ließ, weder von Merle noch von Holger noch von anderen Hunden. Er ließ sich nicht nur schwer etwas sagen, er machte blitzschnell klar, dass niemand das von ihm verlangen konnte. Um diesen Sachverhalt sowohl Hunden als auch Menschen auf Anhieb verständlich zu machen, benutzte er die Zähne. Schnell wie der Blitz und ohne Vorwarnung – so jedenfalls stand es in der Anzeige.

Wie durch einen dichten Nebel hindurch hört Merle später das Urteil: Maulkorbpflicht und Leinenzwang.

Wie war es soweit gekommen?

Gehen wir dorthin zurück, wo alles begann.

ZWEI BRÜDER: SPENCER & BANDIT

Spencer und Bandit, heute ein Jahr alt, sind Geschwister. Sie hatten einen guten Start im Leben, eine verantwortungsvolle Züchterin, die die Welpen behutsam mit den unterschiedlichsten Dingen vertraut machte, ohne sie zu überreizen. Die Mutterhündin war gesund und kümmerte sich liebevoll um ihre Welpen. Der Rüde und Vater wohnte ebenfalls mit im Haus. Besuch kam häufig, und meist waren es Menschenkinder, die die kleinen Hundekinder streicheln und mit ihnen spielen wollten.

Spencer

Heute ist Spencer ein freundlicher, ausgeglichener Hund. Er lebt mit seinen Menschen, zwei Erwachsenen und drei Kindern, in einem Vorort von Hamburg. Spencer ist lebhaft, manchmal geradezu quirlig, kann aber auch abschalten. Nichts liebt er mehr, als mit anderen Hunden zu rennen und zu toben, kann aber gleich im Anschluss daran zwei Stunden lang im Café entspannt unter dem Tisch liegen und dösen. Radfahrer findet er langweilig, Jogger ebenfalls. Autos sind nur insofern interessant, als dass man mit ihnen prima zum Strand fahren und dort mal so richtig Strecke machen kann. Fremde Menschen findet er meist sehr nett. Kinder liebt er, vielleicht weil sie ein wenig so sind wie er selbst. Natürlich kann Spencer Sitz, Platz, Fuß und noch so diesen und jenen Trick, den ihm seine Menschen beigebracht haben. Er bleibt nicht besonders gerne ganz alleine im Haus, hat es aber geschafft, sich für einige Zeit daran zu gewöhnen. Spencer liebt Action, aber genauso gern liegt er faul herum. Er ist ein unkomplizierter Hund, der das Leben nimmt, wie es gerade kommt.

Bandit

Sein Bruder Bandit ist da ein ganz anderer Typ. Sein Name ist Programm, obwohl das in dem sorgfältig ausgeklügelten Plan so gar nicht vorgesehen war. Im Gegenteil, seine Menschen wollten eigentlich einen Hund wie Spencer. Den wollen nämlich fast alle. Nett, freundlich, gut erzogen, gelegentlich auch etwas überschäumend, aber doch grundsätzlich ausgeglichen. Würde Spencer Yoga machen, was er natürlich nicht tut, würde man einen solchen Hund als ausbalanciert und zentriert bezeichnen. Bandit dagegen ist weder ausbalanciert noch zentriert. Er kommt selten zur Ruhe, aber seine Unruhe hat nichts mit dem Tatendrang eines noch jungen Hundes zu tun. Sie ist immer da, auch nachts. Selbst wenn er von einem schönen Knochen träumt, ist es ein unruhiger Traum. Joggern rennt er hinterher und schnappt nach ihnen. Radfahrer gefallen ihm noch besser, weil die Jagd auf sie immerhin ein gewisses Tempo vorweisen kann. Auto fährt er gerne, aber wenn er nicht selbst mit im Auto sitzt, versucht er, die sich drehenden Reifen vorbeifahrender Autos zu erjagen – zum Glück bisher ohne Erfolg.

Mit seinen Menschen ist er ungeduldig. Wenn jemand etwas von ihm möchte, entscheidet Bandit meist, dass er dem nicht nachkommen wird. Und wenn dieser Jemand nicht schnell die Lage überblickt, benutzt Bandit neuerdings zur Verdeutlichung seiner Position die Zähne. Im Beisein von Kindern ist er noch aufgedrehter als ohnehin schon, und rennende Kinder zwickt er auch schon mal in die Hacken. Lässt man Bandit allein zu Haus, sieht die Wohnung binnen einer halben Stunde ganz und gar anders und keinesfalls besser aus. Sitz, Platz und Fuß hat Bandit in der Hundeschule blitzschnell gelernt, nur will es außerhalb des Hundeplatzes nicht so recht klappen. Liegt Bandit auf dem Sofa, sollte sich besser niemand dazugesellen, denn das mag er nicht.

Überhaupt gibt es eine ganze Reihe von Dingen, die Bandit nicht mag. Wenn er an der Leine ist, mag er andere Rüden nicht. Wenn er auf dem Sofa liegt, erträgt er die Nähe anderer Menschen nicht. Wenn er sein Futter frisst, duldet er niemanden in seiner Nähe. Wenn er mal warten muss, fiept er ohne Unterbrechung, oder aber er bellt auffordernd. Und wenn er etwas will, dann will er es jetzt und sofort, denn warten, das mag er so ganz und gar nicht.

In diesem Buch werden wir zwei kleine Hunde von Welpenbeinen an durch ihr erstes Lebensjahr begleiten. Die beiden Australian Shepherds, amerikanische Hütehunde, die sich vom Aussehen her ähneln, werden sich sehr unterschiedlich entwickeln. Dafür gibt es ebenso zahlreiche wie unterschiedliche Gründe. Der eine wird an seinem ersten Geburtstag ein zwar schöner, aber problematischer Hund sein. Der andere nicht. Woran das liegt, welche Einflüsse – hormonelle oder andere Reifungsprozesse, genetische Disposition, das Umfeld und die Erziehung – bei der Entwicklung der beiden Hunde eine Rolle gespielt haben, davon handelt dieses Buch. Ist es die Rasse, sind es die Haltungsbedingungen oder liegt es an der Erziehung? Welches Zusammenspiel ergibt sich hier? Kann man es so steuern, dass Hund und Halter ein harmonisches Team werden? Und wenn ja, wie macht man das?

Aber was reden wir jetzt schon über steuern, lenken, erziehen! Über Hormone, Reifung und Zucht, über unerwünschtes oder problematisches Verhalten! Die Geschichte fängt doch ganz woanders an, in unseren Köpfen nämlich. Oder in unseren Herzen, jedenfalls dort, wo wir unsere Erinnerungen, Gefühle und Träume aufbewahren. Dort schlummert ein Gefühl, eine Ahnung, eine Sehnsucht. Ein Bild von einer wunderschönen Zukunft. Einer Zukunft mit Hund, mit einem Kumpel, einem Freund, einem Vertrauten. All diese Gefühle, Erinnerungen, Vorstellungen und Träume verschmelzen fast unmerklich zu einem weichen, warmen, angenehm duftenden kleinen Welpen – unserem zukünftigen Hund. Mit diesem kleinen Kerl verbinden sich so viele unserer Hoffnungen, vor allem aber diese eine: *Die Hoffnung auf Freundschaft.*

WIE ALLES ANFÄNGT – DER WELPE BIS ZUR 9. WOCHE

DIE VORBEREITUNGEN LAUFEN AUF HOCHTOUREN

Bereits lange bevor solch ein entzückendes kleines Fellknäuel bei uns einzieht und unser Leben aufmischt, laufen die Vorbereitungen auf Hochtouren. Der kleine Kerl soll es gut haben. Er soll sich rundum wohlfühlen, möglichst sorgenfrei aufwachsen, er soll ausgelassen toben dürfen und das Leben genießen.

Bei unserer Familie, die wir der Einfachheit halber Familie A. nennen, haben die Kinder Jennifer (9), Dennis (6) und der Kleinste, Julian (2), diverse Gegenstände in einer Ecke angesammelt, um damit den neuen Hund zu begrüßen und mit ihm zu spielen. Jennifer hat mehrere alte Socken kunstvoll zu einem Zopf verknotet, Dennis hat seinen einzigen Tennisball geopfert und sogar Julian hat einen seiner angelutschten Kekse zu dem kleinen Berg der Gaben beigesteuert. Petra A. hat ein schönes rotes Halsband und die dazugehörige rote Leine gekauft. Und ein Kessi-Herz! Als sie das Kessi-Herz im Tierladen sah, fühlte sie sich schlagartig in ihre Kindheit zurückversetzt. Damals trugen fast alle Hunde ein Kessi-Herz, einen kleinen, herzförmigen Beutel aus Leder, in dem gerade genügend Platz war, um auf einem winzigen Stückchen Papier den Namen und die Telefonnummer zu hinterlegen, falls der Hund mal ausbüchsen und jemand ihn finden sollte. Das Herz war also ein Muss, keine Frage. Thorsten

A. hatte das Gitter ihres Kombis repariert und zum Entsetzen der Familie ein ziemlich großes Hundebett gekauft. Denn der jetzt noch so kleine Hund würde schon bald sehr viel mehr Platz brauchen.

Bei Merle und Holger B. hat sich die Wohnung in letzter Zeit zunächst unmerklich, aber stetig verändert und nach und nach ihren minimalistischen Touch verloren. Neben dem schlichten Sofa steht jetzt ein Hundebettchen, dessen Schaumstofffüllung den kleinen Welpenkörper orthopädisch korrekt abfedern soll. In der Küche steht ebenfalls ein kleines Hundebett, im Schlafzimmer ist dieses neben dem Bett aufgestellt und im Arbeitszimmer fehlt es auch nicht. Die Spielzeugkiste füllt sich täglich ein kleines Stückchen weiter. Alles vom Gummiball über Tauseile für kleine Zerrspielchen bis hin zu quietschenden Gummimäusen ist vertreten. Die Leckerbissendosen, von denen es ebenfalls gleich mehrere gibt, sind mit Lachshäppchen, Leberkeksen und Kräutergebäck für Hunde aus der neu eröffneten Hundebäckerei gefüllt.

Futterdosen stehen bereit, deren Inhalt verspricht, bestens auf einen kleinen Welpen abgestimmt zu sein. Auf der Banderole ist ein etwas blöde dreinschauender Welpe abgebildet, auf der Rückseite erklärt ein auf Ernährungsfragen spezialisierter Tierarzt, warum gerade dieses Futter dem Welpen als solches so zuträglich und daher geradezu unentbehrlich sei. Eine einzigartige Gelegenheit, dem kleinen Hundekind einen gesunden Start ins Leben zu ermöglichen, den Knochenaufbau optimal zu unterstützen und ein schönes, dichtes und vor allem glänzendes Fell zu gewährleisten. Eine Gelegenheit, die der Welpenbesitzer im Sinne des Wohlergehens seines kleinen Schützlings unbedingt ergreifen müsse, sonst ... Das „sonst“ steht nicht mehr auf der Packung, es schwebt aber in der Luft und suggeriert: Sonst erleidet der kleine Hund ausgerechnet während seiner Wachstumsphase Mangelerscheinungen. Das Wort „Mangelerscheinung“ wiederum ist in unseren Gehirnen bereits fest mit dem Bild eines labilen Knochengerüsts, eines anfälligen Immunsystems, also einer insgesamt verringerten Vitalität verknüpft.

Dass Deutsche Schäferhundwelpen von vielen Züchtern noch vor gut dreißig Jahren neben ein paar Knorpelknochen vorwiegend mit Pansen, Essensresten, Eiern mit Schale, und auch mal ein paar Haferflocken aufgezogen wurden, will heute keiner mehr glauben. Die Welpen hatten glänzendes Fell und gesunde Knochen und die Rasse als solche war ungemein leistungsfähig und vital.

Natürlich kann man seine Welpen auch mit Fertigfutter aufziehen – und auch diese Welpen werden gesund aufwachsen. Nur sollte man hier besonders bei großrahmigen Rassen darauf achten, nicht von Anfang an und mit den besten Absichten Premiumfutter mit sehr hohem Proteingehalt zu verfüttern, da dieses für einen jungen Hund durchaus auch ein Zuviel an Nährstoffen bereitstellen kann. Es versorgt nicht selten einen eher gemächlichen Hund wie einen Hochleistungssportler und lässt ihn schnell, oftmals zu schnell, wachsen. Ein zu schnelles Wachstum der Knochen wird oft mit einer Instabilität des Knochengerüsts bezahlt, da die Sehnen und Gelenke nicht gleichermaßen „schießen" können. Nicht umsonst galt früher unter erfahrenen Züchtern die goldene Regel, man solle die Welpen „großhungern", statt ihnen ständig ein Zuviel anzubieten. Wieder einmal gilt, dass manchmal weniger mehr ist, und dass nicht alle alten Weisheiten unbedingt zum alten Eisen gehören.

Aber großhungern – was schießt einem bei dem Wort sofort durch den Kopf? Ein Mangel an Nahrung, ein mickriger, ausgemergelter Hund mit stumpfem Fell. Das ist selbstredend nicht gemeint. Ein Hund muss aber auch nicht tagtäglich bis zur Kante gesättigt sein, ganz im Gegenteil, etwas weniger im Magen kann sich durchaus günstig auf die Reise unseres Hundes in diese Welt auswirken. Täglich drei Eis am Stiel, danach eine Maxitüte Pommes und schlussendlich noch mal kurz einen Hamburger eingepfiffen – das dämpft auch bei Kindern die Lust, die Welt zu erkunden und zieht eher eine Couch Potato denn ein erlebnishungriges Kind heran. Ernährungsmediziner, die sich noch keinem Fraktionszwang unterworfen haben, sprich an keinen der Futtermittelkonzerne gekoppelt sind, werden sicherlich eine vernünftige, vielfältige, aber nicht übermäßige Ernährungsweise des Hundes im Sinne seiner Gesundheit und Vitalität unterstützen. Dass es nicht einfach ist, sich als sogenannter „Verbraucher" den Botschaften der Werbung zu entziehen, das gilt auch für andere Lebensbereiche. Was soll ich glauben? Wer hat recht? Was braucht mein Baby wirklich? Was mein Hund? Schließlich will man nur das Beste für seinen Welpen: Ein kräftiges, stabiles Knochengerüst, glänzendes Fell, wache Augen – kurzum Gesundheit. Genau das verspricht die Futtermittelindustrie und suggeriert mit Bildern von sportlichen, pfeilschnellen Hunden einen unmittelbaren Zusammenhang zwischen ihrem Angebot und der Vitalität des Hundes. Schlussendlich muss jeder selbst einen Weg durch den Dschungel des Marktes finden. Aber ein wenig mehr Vertrauen in das eigene Gefühl und die eigene Beobachtung kann nicht schaden. Ist mein Hund wach und lebenslustig, sein Fell glänzend, seine Augen wissbegierig, offen und klar – dann wird auch seine Ernährung nicht ganz falsch sein.

Die „Aufgabe" Hund

Merle B. beschäftigt sich bereits seit Langem mit der kommenden „Aufgabe Hund" und hat sich ausgiebig über die unterschiedlichen Hunderassen informiert. Zahlreiche Bücher über Hütehunde, deren Gelehrigkeit und Intelligenz sie bereits im Fernsehen bewundert hat, liegen überall verstreut herum. Ja, ein Hütehund soll es sein. Ein Familienhund, ein lebhafter und lernwilliger Hund, der sowohl durch seinen Gehorsam als auch durch seine Schönheit besticht. Der allerorts gelobte *will to please,* den gerade diese Rassen offenbar in verstärktem Maße an den Tag legen, soll ihr die Erziehung leichter machen. Denn ihr Mann Holger, der zwar mit dem Einzug eines Hundes in ihr Leben einverstanden ist, betrachtet sich nicht als Hauptbezugsperson für den neuen Mitbewohner – ergo als nicht wirklich zuständig. Das soll seine Frau machen, die hat ein Händchen für so was. Bestimmt.

Der bevorstehenden Herausforderung widmet sich Merle B. mit Verve. Rasseportraits, Züchterwebsites, Hundezeitschriften, Tierarztempfehlungen, Hundeschulbroschüren – nichts fehlt. Noch bevor die ausgesuchte Hündin bei der Züchterin gedeckt ist, macht sich Merle B. auf die Suche nach einer geeigneten Welpenschule. Denn eines weiß sie, auch ohne es im Buch nachgelesen zu haben: Ein Welpe muss in die Schule gehen. Dort wird er einen gewissen Grundgehorsam erlernen, den sie außerhalb der Schule fleißig mit ihm gemeinsam ausweiten und festigen will. Sie werden ein tolles Team, kein Zweifel. Merle B. möchte die Talente ihres Hundes fördern und ihm ein möglichst umfangreiches Rahmenprogramm bieten, damit er sich nach allen Seiten hin optimal entwickeln kann. Bücher über Agility, Clickertraining, Obedience, Dog Dancing und Trickdogging hat sie bereits verschlungen und sich zahlreiche Notizen gemacht. Bestimmt würde ihnen das beiden gleichermaßen Spaß machen, ihre wechselseitige Bindung festigen, ihre Beziehung vertiefen und den kleinen Wirbelwind angemessen beschäftigen. Hütehunde brauchen viel und anspruchsvolle Beschäftigung, sowohl auf körperlicher als auch auf geistiger Ebene – so jedenfalls steht es unisono in allen Büchern. Ein solcher Hund muss ausgelastet sein, um glücklich zu sein. Und glücklich, daran besteht kein Zweifel, glücklich soll ihr Hund sein. Für dieses Ziel ist sie bereit, so ziemlich alles zu tun.

DER ZÜCHTER – WAS SOLLTE ER LEISTEN?

Währenddessen werden Spencer und Bandit und noch sechs weitere Geschwister geboren. Die Geburt verläuft komplikationslos und die erfahrene Hündin widmet sich den Welpen mit Hingabe. Die Züchterin, Frau N., kümmert sich ebenfalls um die gar nicht so kleine Familie und ist im Falle eines Falles rund um die Uhr für sie da.

Damit kommen wir zu der Frage: Was ist das eigentlich, eine gute Züchterin, ein guter Züchter? Was muss ein Mensch mitbringen, um den nicht ganz einfachen Job erfolgreich zu meistern? Worauf kommt es an? Ist es Liebe? Begeisterung für die Rasse? Wissen rund um das Thema Vererbung – einschließlich möglicher Erbkrankheiten?

Ja, auf all diese Dinge kommt es an.

Zunächst einmal sollte ein Züchter anwesend sein, und zwar nicht nur dann, wenn ein möglicher Käufer die Welpen besuchen möchte. Züchter oder solche, die sich so nennen, die den halben oder gar den ganzen Tag arbeiten gehen und somit außer Haus sind, sind nicht empfehlenswert. Ein Züchter sollte nach und nach die Welpen an die belebte und unbelebte Umwelt gewöhnen und ansonsten sein Leben ganz so leben wie bisher auch. Wenn also Staubsaugen angesagt ist, wird Staub gesaugt. Wenn Besuch kommen möchte, kommt Besuch. Wenn in der Küche mal ein Deckel scheppernd zu Boden fällt, fällt er scheppernd zu Boden. Davon bekommen Welpen weder eine Geräuschphobie noch sonst irgendeine Störung. Denn was die kleinen Welpen lernen müssen und in kontinuierlich steigendem Ausmaß auch leisten können, ist eine Anpassung an ihre Umwelt. Diese Umwelt ist weder leise noch störungsfrei, sie ist nicht immer nur angenehm und gut, sondern kann dann und wann auch unangenehme Erfahrungen beinhalten. Es kann einem mal kalt sein, man kann mal im Spiel mit den Geschwistern gegen ein Tischbein rasseln und nur noch Sternchen sehen, man kann sich mal vor Übelkeit übergeben und manchmal möchte man einfach nur die Augen schließen und ein wenig in der Sonne dösen, wird aber vom eigenen Bruder, der unbedingt drei Runden rennen möchte, daran gehindert. Diese kleinen und großen Hindernisse gehören dazu, genauso wie der schrecklich laute Staubsauger oder ein plötzlicher Platzregen im April. Ebenfalls dazu gehört, dass man ein Problem auch mal ganz alleine lösen darf und nicht ständig jemand vor einem herläuft und mögliche Hindernisse schon mal aus dem Weg räumt, nach dem Motto: Das kann der Kleine doch noch nicht! Nein, das kann er noch nicht. Wird er aber auch nie können, wenn er es nicht lernen darf. In der Kindererziehung ist es leider auch nicht anders, den Kindern wird zu viel abgenommen. Da liegen viel zu dicke Vierjährige wie Speckmaden im mittlerweile sehr beengten Buggy. Sie haben zwei Beine, sie könnten in diesem Alter auch schon etwas längere Strecken laufen. Nicht nur schadet diese Bevormundung ihrer Figur, es schadet auch der Entwicklung ihrer Selbstständigkeit. Wenn alles für mich geregelt wird, brauche ich selbst nichts mehr zu regeln. Allerdings lerne ich dann nicht, mal etwas selbst in die Hand zu nehmen, zu entscheiden, Erfolg zu haben – und auch mal zu scheitern. Scheitern ist wichtig! Beim Scheitern lernt man, später irgendwann einmal nicht mehr zu scheitern.

Kuscheln, streicheln, viel körperliche Nähe und ein liebevoller Umgang mit dem Welpen sind allerdings die Voraussetzungen dafür, auch mal mit dieser oder jener Widrigkeit des Lebens zurechtzukommen. Sie fördern das Vertrauen und bieten Rückhalt und Sicherheit, wenn unerwartet mal etwas nicht ganz optimal läuft. Um später selbstständig und gelassen zu sein, bedarf es sowohl der Liebe, der Zuneigung und des Verständnisses als auch der Möglichkeit, hier und da eine nicht so schöne Erfahrung zu machen und eigene Schlüsse daraus zu ziehen. Ausschließlich gute Erfahrungen, Beharrlichkeit und Überfluss macht, wie wir wissen, nicht glücklich und schon gar nicht emotional stabil. Erkundungen gehen auch mal schlecht aus – aber man lernt gerade dann, weil man dann lernen muss.

Ein guter Züchter sollte die Welpen an Erwachsene und Kinder gewöhnen, sprich die Welpen sollten nach Möglichkeit im Haus inmitten des gewohnten Lebens aufwachsen dürfen. Eine Zwingerhaltung ist nicht zwangsläufig von Nachteil, allerdings muss ein regelmäßiger und zeitlich ausgiebiger Kontakt mit Menschen gegeben sein. Auch sollte ein Züchter nicht mehr als höchstens zwei Rassen züchten und eine Hündin nicht während jeder Läufigkeit belegen. Ein Wurf jede zweite, besser nur jede dritte Läufigkeit erlaubt der Mutterhündin eine angemessene Erholung.

Ein potentieller Welpenkäufer sollte auf jeden Fall die Mutterhündin mit ihren Welpen sehen dürfen. Welchen Eindruck macht die Mutterhündin? Ist sie hektisch, aufgeregt und unruhig – oder steht sie dem Treiben um sie herum eher gelassen gegenüber? Das soll nicht heißen, dass die Mutterhündin den Besuchern unbedingt freudig um den Hals fallen muss – wenn sie ihre Welpen vor Fremden knurrend oder drohend abzuschotten versucht, ist das normal und richtig. Hier wäre zu beobachten, welchen Einfluss der Züchter auf seine Hündin hat. Wenn er sie beruhigt – vertraut sie ihm? Kann sie sich entspannen?

Darüber hinaus sollte die Sauberkeit der Welpen und der Aufzuchtsstätte eine Selbstverständlichkeit sein.

Begegnet Ihnen als Käufer der ausgesuchte Züchter oder die Züchterin mit leichtem Misstrauen, sollten Sie das ihm oder ihr nicht krumm nehmen. Werden Sie nach Strich und Faden ausgefragt – wo und wie Sie leben, wie häufig Sie außer Haus sind, welche finanziellen Mittel vorhanden sind, um sowohl für die laufenden Kosten (Futter, Haftpflichtversicherung, Tierarztkosten) als auch für Notzeiten (der vorübergehende Aufenthalt in einer Hundepension, möglicherweise auftretende Tierarztkosten, die über die Grundversorgung hinausgehen, wie beispielsweise Operationen) aufzukommen, ob Sie gerne und regelmäßig spazieren gehen, ob Sie über die Eigenheiten und besonderen Anforderungen, die die von Ihnen ausgesuchte

Rasse an den Halter stellt, informiert sind – werten Sie es nicht als ungebührliche Neugier, sondern als das, was es ist, nämlich Fürsorge. Ein verantwortungsvoller Züchter möchte seine Welpen nur in gute Hände geben und verzichtet lieber auf einen Käufer und das damit verbundene Einkommen, wenn dieser ihm die erforderlichen Voraussetzungen nicht zu erfüllen scheint.

Ein weiterer und überaus wichtiger Punkt ist die Bereitschaft des Züchters, auch über mögliche Erbkrankheiten der Rasse zu sprechen. Rassehunde ganz allgemein – und somit auch ein nicht geringer Teil der aus diesen Rassen entstandenen Mischlinge – leiden in immer stärkerem Ausmaß unter erblich bedingten Krankheiten. Warum das so ist, würde hier zu weit führen, für einen verantwortungsvollen Züchter jedoch sollte auch dieses brisante Thema kein Tabu darstellen. Viele Züchter geben sich alle erdenkliche Mühe, die Elterntiere nicht nur nach deren Aussehen, sondern vor allem nach deren Gesundheit und Vitalität auszusuchen. Gesundheit wiederum ist nicht nur ein schönes Wort, das routinemäßig auf der Website des Züchters auftaucht („Wir züchten nur mit gesunden Tieren"), Gesundheit kann man nachweisen. Haben die Zuchthündin, der Zuchtrüde und die Ahnen eine A- oder eine C-Hüfte? Wie sieht es mit der Patella, ED oder OCD aus? Sind die Elterntiere auf Augenkrankheiten wie PRA, CEA oder Katarakt hin überprüft worden? Wie hoch ist der Inzuchtkoeffizient – wie eng also sind die beiden Elterntiere miteinander verwandt? Fragen Sie! Eine Antwort sollte man Ihnen nicht schuldig bleiben. Jetzt ist es an Ihnen, Ihren Züchter auszufragen, welche Überlegungen ihn zu dieser bestimmten Verpaarung bewogen haben, ob und wo die Elterntiere welchen gesundheitlichen Tests einschließlich möglicher Gentests unterzogen wurden, ob er zu den Käufern vergangener Würfe noch Kontakt hält und somit auch um die Gesundheit seiner Nachzucht im Bilde ist? Seriöse Züchter legen oft vertraglich fest, dass die Welpen mit 12 Monaten noch einmal bestimmten Untersuchungen (beispielsweise einer Untersuchung auf HD unter Vollnarkose) unterzogen werden und er oder sie über die Ergebnisse vom behandelnden Tierarzt informiert wird. Manche Krankheiten, Defekte oder auch nur Anfälligkeiten sieht man im Welpenalter nämlich noch nicht, wogegen sie später entweder diagnostisch fassbar oder bereits mit bloßem Auge zu erkennen sind.

DIE ZEIT BEIM ZÜCHTER – DIE ERSTEN 8 BIS 10 WOCHEN

Hunde kommen zwar blind und taub auf die Welt – und doch entwickeln sie binnen kürzester Zeit ein breit gefächertes Repertoire an Fähigkeiten. Wenn schließlich der lang ersehnte Tag kommt und die kleinen Hunde bei uns einziehen, laufen sie zwar noch etwas tapsig, sind jedoch einem Menschenkind im selben Alter bereits weit überlegen. In nur acht Wochen (sich langsam entwickelnde Rassen werden etwas später abgegeben) haben sie bereits zahlreiche existentiell wichtige Dinge gelernt und durch ständiges Wiederholen und Üben gefestigt. Sie können jetzt überleben – mit etwas Glück bereits ganz ohne ihre Eltern.

Das sollten wir uns klar machen: Ein Welpe ist bereits in diesem Alter ein kleiner Hund und nicht mit einem menschlichen Säugling und dessen Bedürfnissen zu verwechseln. Ein Welpe kann beispielsweise laufen. Mit seinen gerade mal acht Wochen kann er nicht nur laufen, er kann rennen, rempeln, springen, buffen, anpirschen, ausweichen, aufspringen, anecken, flitzen, stürmen, hetzen, kullern und Purzelbäume schlagen. Er kann also bereits seinen Körper und seine Bewegungen in erstaunlichem Maße steuern. Er ist trotz seiner noch etwas tapsigen Bewegungen nicht hilflos, sondern auf dem besten – und schnellsten! – Wege, ein richtiger Hund zu werden. Wenn wir einen Welpen ins Haus holen, nehmen wir ein Tier zu uns, das binnen weniger Monate ausgewachsen sein wird. Es ist eben kein kleines Kuscheltierchen, das immer klein und plüschig, sanft und niedlich bleiben wird. Behandeln wir ihn aber so, indem wir ihn beispielsweise ständig auf dem Arm mit uns herumschleppen oder ihn vor anderen Erfahrungen – auch und gerade vor schlechten! – zu bewahren versuchen, tun wir ihm unrecht und untergraben bereits jetzt seine Entwicklung hin zu einem erfahrenen, ausgeglichenen und souveränen Hund. Wir neigen dazu, Welpen und ihre Möglichkeiten zu unterschätzen! Schließlich lernt man ganz besonders dann, wenn man muss! Hat man aber dazu keine Gelegenheit, weil ein übereifriger Mensch einem jedes Hindernis aus dem Weg räumt, sieht es für eigenständige Lernerfahrungen – die für eine gesunde Entwicklung des Gehirns zwingend notwendig sind – schlecht aus.

Die vegetative Phase – eine Zeit der inneren Zuwendung

Aber zurück auf Anfang: Unsere Welpen werden geboren. Zu diesem Zeitpunkt können sie weder sehen noch hören und befinden sich in einem Stadium der „inneren Zuwendung", auch als vegetative Phase bezeichnet, kreisen also ausschließlich um sich selbst. Wärme, Nahrung und Ausscheidungen sind jetzt Lebensinhalt. Erst etwa am 7. Tag kann man die ersten Reaktionen auf die Umwelt beobachten. Die kleinen Welpen zucken beispielsweise zurück oder knurren als Reaktion auf bestimmte Außenreize. In dieser Zeit bietet die Mutterhündin Schutz, Wärme und Nahrung, die Welpen wiederum zeigen nur ihr gegenüber eine gewisse Offenheit, die auch – in Anspielung auf den sich wie ein Schutzwall um die Welpen legenden Körper der Mutterhündin – als „funktionales U" bezeichnet wird. (Thomas Althaus)

Hundekinder kommen also bereits mit körperlichen Fähigkeiten und bestimmten Verhaltensweisen auf die Welt. Verhalten ist demnach angeboren, aber *wie* ein Welpe damit umgeht, das muss er erst lernen und ausformen. Die weitere Entwicklung und Ausprägung bestimmter Verhaltensweisen wird sowohl von seiner genetischen Disposition, also was er als Erbmasse mitbringt, und der ihn umgebenden Umwelt bestimmt. Zu den angeborenen körperlichen Fähigkeiten gehören das Kreiskriechen (so geht man so schnell nicht verloren), die Wahrnehmung von Berührung und Umgebungstemperatur und bestimmte, nur in dieser Phase auftretende Lautäußerungen. Angeborene Verhaltensweisen sind das Suchpendeln (durch pendelnde Kopfbewegungen die Zitzen der Mutterhündin finden), der Saugreflex (Nahrung), das Fellbohren mit der Nasenspitze (Nahrungssuche), der Milchtritt (Nahrung), das Kontaktliegen (Wärme) und Lautäußerungen bei Unbehagen. Bereits hier findet ein erstes Lernen statt, also die Veränderung des eigenen Verhaltens aufgrund von gemachten Erfahrungen. Ein Beispiel hierfür ist, dass Welpen sich bei Kälte auf die Suche nach Wärme begeben. Es ist wichtig, dass Welpen diese Erfahrung machen dürfen! Es ist also nicht ratsam, Welpen unter der immergleichen Temperatur einer Wärmelampe aufzuziehen. Kälte ist langfristig gefährlich, ergo ein mögliches Problem. Und nun muss eine Lösung gefunden werden – in unserem Fall den wärmenden Körper der Mutterhündin zu suchen und zu finden. Diese Lösung wiederum wird abgespeichert und der Hund kann später auf diesen, jetzt noch sehr begrenzten, Erfahrungsschatz zurückgreifen.

> Je größer dieser Schatz selbst gefundener Lösungen ist, je eher kann er auf plötzliche Anforderungen seiner Umwelt angemessen reagieren und muss nicht gleich den Kopf verlieren, in Panik ausbrechen oder sich nach Hilfe umschauen.

Der arme kleine Welpe – das bedeutet doch Stress für ihn! Ja, das bedeutet Stress für ihn. Und das ist gut so. Einen Welpen bereits in diesem frühen Lebensstadium mildem Stress auszusetzen, fördert die Entwicklung eines gut funktionierenden Immunsystems. Der kleine Körper lernt etwas sehr Wichtiges, nämlich mit Stress und Belastungen umzugehen. Ist ihm kalt oder hat er Hunger, muss er aktiv werden, um sein Wohlbefinden wiederherzustellen.

Milder Stress – was ist damit gemeint? Hier ist nicht eine bestimmte „Menge" Stress gemeint. Man kann nicht sagen, dieses oder jenes sei „milder Stress", etwas anderes aber sei viel zu viel Stress.

Was für welchen Hund mild ist, hängt von vielen Faktoren ab und ist immer nur im Einzelfall zu bestimmen. Für den einen sind drei Minuten allein im Zimmer nicht auszuhalten, ein anderer nimmt es eher gelassen. In anderen Worten: Was für den einen Stress ist, kann für den anderen Normalität bedeuten.

Die beiden Kumpels Stress und Belastung werden den Hund sein Leben lang begleiten. Diejenigen, die einen begleiten, sollte man kennen und mit ihnen umgehen können. Sie machen unseren Hund fit für dieses Leben und sollten deshalb wirklich als Kumpel, als Freunde, ja als Komplizen und nicht als Widersacher empfunden werden. Während eine zwar wohlmeinende, doch übertriebene Fürsorge wie das Beispiel der Wärmelampe der gesunden Entwicklung eines Welpen entgegensteht, so ist gerade in dieser Phase seiner Entwicklung das Anfassen durch Menschen von großer Wichtigkeit.

Die Übergangsphase – das Tor zur Außenwelt

Ab ungefähr dem 17. Tag öffnet sich das Tor zur Außenwelt. Zum gleichen Zeitpunkt beginnen die Zähne durchzubrechen und die Mutterhündin füttert zusätzlich zur Milch den Welpen von ihr hervorgewürgtes Fressen zu. Diese kurze Zeit bezeichnet man als Übergangsphase. Jetzt finden die ersten Interaktionen der Welpen untereinander statt, die über das Kontaktliegen und die Knäuelbildung hinausgehen. Das Suchpendeln hört nun auf, dafür lernt ein Welpe jetzt zu stehen, zu gehen und zu sitzen. Die Augen und die Ohren öffnen sich – die ganze Welt öffnet sich. Zeitgleich mit dieser Öffnung zur Außenwelt treten die ersten Fähigkeiten für soziale Verhaltensweisen auf. Welpen in diesem Alter wedeln beispielsweise mit der Rute oder zeigen die Vorderkörpertiefstellung, die wir als Spielaufforderung beobachten können. Die Umwelt wahrnehmen und erkunden bedeutet auch, dass sich jetzt die Motorik in rasantem Tempo entwickelt. Hinzu kommt die Entwicklung vielfältiger Lautäußerungen, um auch stimmlich mit der Umwelt in Kontakt zu treten. Die ersten Angst- und Schreckreaktionen sind jetzt ebenfalls zu beobachten.

In dieser Übergangsphase ist es für die weitere Entwicklung des Welpen wichtig, dass er die ganz normalen Alltagsgeräusche kennenlernt – und nicht, dass sie ihm aus Sorge, er möge sich ängstigen, vorenthalten werden. Ein Staubsauger, den ich kenne, bereitet mir keine Kopfschmerzen. Eine unbekannte, schrecklich laute Furie auf ratternden Plastikrädern aber, die ich in meinem ersten halben Jahr aus Sorge um mein seelisches Gleichgewicht nie gesehen habe und deren Existenz ich mir folglich nie hätte träumen lassen, jagt mir nicht nur einen Schrecken ein, sie löst unter Umständen richtige Panik aus. Denn in diesem Fall habe ich nicht gelernt, mit meiner Angst umzugehen, sondern bin ihr – nunmehr vollkommen hilflos! – ausgeliefert. So nachvollziehbar der Wunsch, dem Welpen Unangenehmes zu ersparen, auch sein mag, fair ist er nicht. Fair wäre, den kleinen Hund mit den Dingen des täglichen Lebens bekannt zu machen, von denen wir erwarten, dass er später damit zurechtkommen soll. Dazu gehören die unterschiedlichen Geräusche, Gerüche und Bewegungsreize des täglichen Lebens, die Erfahrung der Enge, beispielsweise in einem Fahrstuhl, übergriffige Menschen. „Ach, ist der aber süß! Darf ich den mal streicheln?“ Noch bevor die Frage ihr Fragezeichen bekommen hat, ist die Hand eines gänzlich fremden Menschen am bestenfalls verdutzten, schlimmstenfalls verunsicherten Hund. Dass Überfälle dieser Art – denn genau das sind sie: Überfälle – nicht so gemeint sind, wie der kleine Hund zunächst annehmen muss, das muss er erst lernen. Schein und Sein sind eben auch in der Hundewelt nicht immer auf Anhieb leicht zu unterscheiden.

Das heißt nun nicht, dass man den Welpen mit jedem nur irgend möglichen Geräusch des alltäglichen Lebens vertraut machen muss. Neben einem scheppernden Topfdeckel müssen nicht auch noch die Bratpfanne und die Kasserolle ohrenbetäubend laut auf dem Küchenfußboden aufschlagen, vielleicht muss noch nicht einmal mehr ein Traktor vorbeirattern. Aber eine entsprechende Anzahl sollte es schon sein, damit eine Generalisierung, also eine Verallgemeinerung auch auf andere Geräuschquellen, stattfinden kann.

Darüber hinaus werden Geräusche oder andere Reize vom Welpen auch abhängig von seiner Beziehung zum Menschen bewertet. Ist sein Mensch ruhig und gelassen, während der Deckel scheppert, lernt der Welpe, dass das Scheppern gar nicht schlimm ist: *Mein Mensch ist ruhig, dann kann ich es auch sein.*

Mit etwa der vierten Woche beginnt die Sozialisierungsphase. Aber Sozialisierung, was ist das? Gehört der Staubsauger auch mit dazu? Nein, das Kennenlernen des Staubsaugers ist eine Frage der Habituation, also der Gewöhnung, an einen etwas ungewöhnlichen Gegenstand. Die Sozialisierung – sprich Vergesellschaftung – aber ist gleichbedeutend mit der Entwicklung sozialer Fähigkeiten durch Interaktion mit der belebten Umwelt. Hierzu gehören auch Kuscheln, viel Körperkontakt, Zuneigung und Liebe. Eine solch umfassende Sozialisierung ist die Voraussetzung für die erfolgreiche Einbindung in das Leben einer Gemeinschaft mit allem, was dazugehört: Konflikte ausfechten, Interessen abgleichen, Lösungen finden – alles im Sinne eines friedfertigen und harmonischen Zusammenlebens.

Die erste „sensible Phase" – die Welt und ich

Diese Phase der Vergesellschaftung ist auch die erste „sensible Phase", die mit etwa der zwölften, spätestens mit ungefähr der sechzehnten Woche endet. Sie wird als „offenes Fenster" bezeichnet: ein weit geöffnetes Fenster zur Welt, die es jetzt kennenzulernen gilt. Warum aber bezeichnet man diese Phase als „sensibel", also als eine Zeit mit einer ganz besonders ausgeprägten Empfindlichkeit? Sensible Phasen (die es auch später im Leben noch geben wird, beispielsweise die Pubertät) zeichnen sich durch eine wesentlich größere Offenheit gegenüber bestimmten Reizen aus. Die Welpen haben jetzt eine vielfach erhöhte Lerndisposition, also eine erhöhte Fähigkeit zu lernen, wobei das Erlernen der Kommunikation, also der Verständigung mit anderen Hunden und mit Menschen, das wichtigste Ziel sein sollte. Erfahrungen, die jetzt gemacht und abgespeichert werden, hinterlassen einen ungleich dauerhafteren Eindruck als zu einem anderen Zeitpunkt im Leben eines Hundes. Sie bilden darüber hinaus die Grundlage für das spätere Verhaltensrepertoire des Hundes und seine soziale Angepasstheit an die jeweils gegebene Umweltsituation. Alle (!) körperlich notwendigen Voraussetzungen für das gesamte Verhaltensrepertoire bilden sich jetzt aus. Vieles ist angeboren, also bereits vorhanden, muss aber jetzt angesprochen und ausgeformt werden. So sind beispielsweise Signale des Drohens und der Unterwerfung dem Hund zwar angeboren, doch müssen sie beim Gegenüber auch erkannt, gedeutet und im Anschluss richtig beantwortet werden. Angeborene Verhaltensweisen und die während der Auseinandersetzung mit der Umwelt gemachten Lernerfahrungen verzahnen sich miteinander und legen das spätere Verhalten gegenüber Menschen, anderen Hunden und der Umwelt weitestgehend fest. Es handelt sich – entgegen einer vielfach geäußerten Meinung – jedoch nicht um eine Prägung, denn diese wäre grundsätzlich unwiderrufbar. Prägung in diesem Sinne gibt es bei Hunden nicht, weshalb man hier von „prägungsähnlichem Verhalten" spricht. Versäumnisse während dieser Phase haben nicht zu unterschätzende Auswirkungen auf die späteren sozialen Fähigkeiten unseres Hundes.

Eine der wichtigsten Lernerfahrungen während der Sozialisierungsphase ist der Umgang mit der Aggression. Hier muss der Welpe lernen, sich weder zu „schissig" zu verhalten, noch sich übermäßig heftig gegenüber seiner Umwelt zu gebärden. Beispielsweise wird die Beißhemmung ausgebildet. Sie ist nicht angeboren, die Fähigkeit jedoch, gehemmtes Beißen zu erlernen, ist bereits seit dem ersten Tag vorhanden. Jetzt geht es ans Probieren: Was geht, was ist zu wenig, was ist zu viel? Nur im Beißspiel kann der Welpe die Beißhemmung erlernen! Er wird mit den Folgen seines Beißens, Schnappens oder Zwickens konfrontiert: Entweder sein Gegenüber bricht das Spiel ab oder aber unser Welpe wird selbst gebissen oder gezwickt. Beides ist nicht schön – aber lehrreich!

So wie man Fähigkeiten erlernen kann, kann man es umgekehrt auch versäumen, sie zu erlernen. Ein Mangel an Erfahrungen, ein Mangel an Lernerfolgen und damit der Möglichkeit, sich anzupassen, können das spätere Sozialverhalten des Hundes sehr ernsthaft beeinträchtigen. Man spricht hier von Deprivationsschäden, also Schäden durch Erfahrungsentzug. Da das Erlernen wie das Nicht-Erlernen sozialer Fähigkeiten hier jedoch während einer sensiblen Phase stattfindet, können diese Defizite nahezu irreversibel sein. Beispiele hierfür sind Panik- und Fluchtreaktionen vor Menschen, verteidigendes Aggressionsverhalten und unzureichende Bindungsfähigkeit gegenüber Menschen. Hunde, die nicht mit einem unmittelbaren und ständigen Kontakt zu Menschen aufgewachsen sind – wie nicht wenige der zu uns aus südlichen Ländern vermittelten Straßenhunde – sind ein Beispiel hierfür. Ein anderes ist die Massenvermehrung von Hunden in eigens hierfür vorgesehenen „Batterien", in denen bereits die Muttertiere nicht mehr über die Erfahrungen verfügen, deren Weitergabe an die Welpen für Letztere lebensnotwendig wäre. Die Welpen, weggesperrt und zusammengepfercht, wachsen zudem in einer reizarmen Umgebung auf, die ihnen keinerlei Möglichkeit zur Erkundung ihrer Umwelt und somit keinerlei Möglichkeit zur Entwicklung sozialer Fähigkeiten bietet. Die Folgen sind Schreckhaftigkeit und Scheu gegenüber Menschen und überhaupt allen bislang unbekannten Reizen, darüber hinaus zwanghafte Verhaltensweisen, beispielsweise Stereotypien wie Kreisdrehen, oder Selbstverletzungen durch ständiges Lecken, Beißen oder Rutenknabbern (Autoaggression).

Was ein Welpe während der Sozialisierungsphase nicht kennenlernt, kann später Angst in ihm auslösen. Ein Welpe muss aber schon früh lernen, mit Angst umzugehen. Aus Angst kann man zur Salzsäule erstarren, panisch wegrennen, sein Gegenüber angreifen oder aber sich diesem Gegenüber – je nach Erfolgsaussicht – demütig zeigen. Jede dieser Verhaltensweisen muss bereits im Welpenalter erlernt, sprich geübt werden, um sie später als erwachsener Hund in der entsprechenden Situation auch angemessen zeigen zu können. Den Welpen in Watte einzupacken und ihm jede auch nur ansatzweise unangenehme Erfahrung zu ersparen, ist zwar nett gemeint, verschafft ihm aber dennoch keinen guten Start im Leben. Auch hier gilt: Milder Stress (also eine Stresssituation, die er selbst meistern und so eine der Situation und ihm angemessene Lösung finden kann) ist seiner weiteren Entwicklung förderlich.

Die erste sensible Phase ist also für das spätere Leben eines Hundes entscheidend. Dass Lernen jetzt überhaupt stattfinden kann, verdankt der kleine Hund seiner ihm angeborenen Neugier, dem Nachahmungsverhalten und der unbändigen Lust am Spiel.

Wie wir Menschen auch, erfährt ein Welpe die Welt oft spielerisch. Er erkundet sie, testet sie aus – er spielt mit ihr. Von der Verständigung mit Artgenossen, der Ausbildung der Beißhemmung, über die Körperbeherrschung bis hin zum „Durchspielen" von möglichen Konflikten und deren Lösungen, lernt der kleine Hund, seine Umwelt und die ihr innewohnenden verblüffenden Überraschungen einzuschätzen und besser mit ihnen umzugehen. Kann ein Welpe nicht spielen, lernt er weniger – oder aber er lernt, wie oben ausgeführt, das Falsche.

In dieser für das spätere Leben so wichtigen Phase geht es erwartungsgemäß auch im Gehirn des kleinen Welpen turbulent zu. Es findet zwar kein Wachstum im Sinne einer Vermehrung der Nervenzellen des Gehirns (Neuronen) statt, allerdings wächst das Gehirn im Sinne einer Vernetzung der Nervenzellen untereinander. Zum Zeitpunkt der Geburt ist jedes Neuron mit zehn bis hundert anderen Neuronen verbunden, wobei man die Verbindungsstellen als Synapsen bezeichnet. Wenn schließlich das Gehirnwachstum weitestgehend abgeschlossen ist, hat sich diese Zahl pro Synapse auf nicht weniger als 10 000 erhöht! Je mehr Synapsen im Gehirn vernetzt sind, desto leistungsfähiger ist das Gehirn – und folglich auch der

Organismus als Ganzes. Das wiederum bedeutet, dass der Hund besser lernt, besser mit Umweltreizen zurecht kommt und ein variableres, also dem jeweiligen Anlass optimal angepasstes und angemessenes Verhalten zeigen kann.

Der Züchter spielt also eine ganz entscheidende Rolle in der Entwicklung des Welpen hin zu einem souveränen, handlungsfähigen und ausgeglichenen Hund. Konkret heißt das, er muss die Welpen mit vielen Dingen vertraut machen und ihnen darüber hinaus die Möglichkeit geben, sich selbst mit ihnen vertraut zu machen. Er muss ihnen also eine breite Palette an Erkundungsmöglichkeiten bieten. Er muss sie an Geräusche, an das Auto und an das Halsband gewöhnen. Er muss Begegnungen mit Befremdlichem arrangieren: mit dem Mann mit Hut oder Regenschirm, mit Katzen und anderen Tieren, fremden Hunden (denn die eigenen Hunde im Haushalt sind vom Welpen bereits geruchlich eingescannt und werden deshalb nicht als fremd und bedrohlich wahrgenommen), Witterungsbedingungen (auch nasse und kalte!), mit verschiedenen Untergründen, kreischenden Babys, fremden Menschen, Kindern.

Doch Vorsicht vor Übereifer! Themen müssen jetzt lediglich angerissen werden, mehr nicht. Es geht nicht um einen blinden Aktionismus, der den Welpen mit Reizen überhäuft und überfordert. Es geht auch nicht um das Abarbeiten seitenlanger Listen, was ein Welpe alles erlebt haben muss. Eine Auswahl an Situationen und Reizen reicht vollkommen aus.

Leider trifft man auch heute noch häufig auf Züchter, die ihre Welpen zwar mit Spielzeug aller Art, Wippen und Plastiktunneln versorgen, aber doch häufig selbst nicht anwesend sind und die Welpen für lange Zeit, beispielsweise während sie arbeiten, sich selbst überlassen. Die Welpen sind entweder im Zwinger untergebracht oder aber in einem speziell für sie reservierten und in der Regel abgelegenen Welpenzimmer, was genau dasselbe ist wie ein Zwinger. Allein die Verbandszugehörigkeit bietet hier leider keine Garantie, dass dem nicht so ist. Die Behauptung, die Welpen wüchsen im

Kreise der Familie und „gut sozialisiert“ auf, lohnt also auf jeden Fall der genauen Überprüfung. Viele Züchter zögern oder sind unsicher, ob sie Kinder und Welpen zusammenführen sollten. Denn es stimmt, Kinder gehen mit Welpen viel robuster um. Sie klemmen sie sich schon mal einfach unter den Arm und die Beine des kleinen Hundes rutschen nach unten oder sie verlieren das Gleichgewicht und fallen mitsamt dem Welpen hin. Der Vorteil für den Welpen ist, dass er früh abgehärtet wird und nicht jede unsanfte Berührung gleich als existentielle Bedrohung auffasst.

Sprich: Der Züchter muss seinen Welpen Normalität bieten und keinen watteweichen, gegen die Widrigkeiten des Alltags schallisolierten Kokon. Das alles dient dem Ziel, dass der kleine Welpe später einmal nicht so schnell in Panik gerät und Situationen aller Art besser einordnen kann. Der Züchter muss den Welpen also zahlreiche und sehr unterschiedliche Reize anbieten. Und doch darf er eines nicht: die Welpen überreizen.

Reize ja – Überreizung nein

Die Waage zu halten zwischen einem reichhaltigen Angebot unterschiedlichster Reize einerseits und einer Überreizung andererseits, erfordert sowohl Fingerspitzengefühl für die Bedürfnisse der kleinen Hundekinder als auch eine gute Portion Gelassenheit. Nicht alles muss nach Plan ablaufen, nicht jede „Unterlassung“ hat gleich lebenslang nachteilige Folgen. Ein gewisses Vertrauen in die natürlichen Abläufe des Lebens gehört zu den ganz wichtigen Persönlichkeitsmerkmalen eines guten Züchters. Der Mensch stellt einen Rahmen zur Verfügung, mehr nicht. Obwohl eine sensible Phase nicht ewig dauert und man sie in der Tat gut nutzen sollte, so haben wir es hier nicht mit einer langen Liste strenger Vorgaben und Abfolgen zu tun, die unbedingt alle akribisch abgehakt werden müssen, um fatale Spätfolgen zu verhindern. Nicht jedes Kind, das zur musikalischen Früherziehung geschickt wird, endet als Konzertpianist, nicht jeder, der einen Ball geschickt dribbeln kann, mutiert zum

Fußballass. Und das ist gut so! Die Gründe hierfür sind vielfältig. Einer ist ganz einfach der, dass nicht in jedem grundsätzlich alle Talente schlummern, die man nur wecken muss, damit sie sich entfalten. Ein anderer, dass sich ohnehin die Frage stellt, ob eine einseitige Talentausbildung in jugendlichem Alter überhaupt sinnvoll ist.

Damit Kinder und Jugendliche sich stabil entwickeln können, benötigen sie nicht nur ausreichend Gelegenheit, die Welt und ihre Möglichkeiten zu erkunden, sondern müssen zeitgleich auch vor einem „Zuviel" geschützt werden.

Bei kleinen Hunden ist das nicht anders. Doch Vorsicht, einem jungen Lebewesen Schutz zu gewähren, bedeutet gerade nicht, ihn unbedingt vor allem und jedem zu beschützen. Es bedeutet vielmehr, selbst eine klare Vorstellung von dem zu haben, was man einem Welpen in welchem Alter zumuten kann und was ihn möglicherweise wirklich überfordert. Es bedeutet, ihm Ruhe zu geben und somit Sicherheit zu vermitteln.

Wir greifen kurz ein wenig vor, in die Zeit, wenn der Welpe bereits vom Züchter fort und bei seinen neuen Menschen eingezogen ist. Wenn ein kleiner Hund beispielsweise nicht zur Ruhe kommen darf, weil ihn ständig jemand süß findet, knuddelt, vom Boden aufhebt, wieder abstellt, küsst und herzt, mit ihm Kunststückchen üben will, Renn- und Zerrspiele anbietet, stündlich neuen Besuch empfängt, der nur wegen des Hundes überhaupt gekommen ist, und wenn sich dann alle über das so drollige Kerlchen amüsieren und laut kreischend wieder und wieder über ihn herfallen, dann hat das, was der kleine Hund dann zeigt, nichts mit seiner unbändigen Energie zu tun, auch wenn er noch so possierlich erscheint. Der Hund wird aufgedreht sein, wild herumspringen, kläffen, Spielaufforderungen nach allen Seiten aussenden oder sich auch plötzlich auf den Boden werfen und gar nichts mehr tun. Mit diesen Verhaltensweisen versucht er offenbar schon recht verzweifelt, einen Ausweg aus der in jeder Hinsicht überreizten Situation zu finden. Nur dass so mancher Halter seine Not nicht erkennt und meint, der kleine Kerl sei besonders lebhaft und müsse unbedingt noch weiter „beschäftigt" und „ausgelastet" werden. Diese Spirale der mit viel Eifer betriebenen Hektik lässt sich immer weiter nach oben drehen. Das Resultat kennen wir: Dauerkläffer, die trotz des hohen Reizangebotes diese Reize eben gerade nicht einordnen und folglich auch nicht mit ihnen klarkommen können, sondern in ihrer Bedrängnis verzweifelt um Hilfe rufen. Diesen Hunden standen als Welpen zwar Reize im Übermaß zur Verfügung, aber nicht nur waren es die falschen Reize, die Hunde hatten auch gar keine Zeit, sich mit ihnen auseinanderzusetzen und sie zu einem sinnvollen Gesamteindruck zu verarbeiten. Zum Nachdenken braucht man Zeit ... und ein kleines bisschen lange Weile!

Die Frage ist doch, muss ein Hund lernen damit klarzukommen, über Wochen hinweg immer wieder vom Boden hochgerissen und an Lippen gepresst zu werden – oder wäre es nicht ungleich wichtiger, ihm das Rüstzeug für ein starkes Nervenkostüm mitzugeben, damit er später vielleicht einen plötzlichen Anrempler durch eine ihm fremde Person in einer überfüllten Fußgängerzone oder in der Enge eines Aufzugs mit einem coolen Schulterzucken wegstecken kann, anstatt wie von der Tarantel gestochen auszurasten?

Wenn ich mir als Hund – und besonders als Welpe – kein sinnvolles Ganzes aus einem Erlebnis zusammenbasteln kann, weil gleich schon wieder das nächste Erlebnis vor der Tür steht, entsteht in meinem Kopf ein großes Durcheinander. Wenn es nun in diesem Durcheinander auch noch an der Haustür klingelt oder ein Topfdeckel scheppernd zu Boden fällt oder ein anderer Hund unerwartet dicht an mir vorbeizischt, dann kann ich jedes dieser Vorkommnisse nicht verlässlich einordnen und schon gar nicht sinnvoll deuten. Ich fühle mich hilflos in meinem Chaos. Mehr noch, ich versinke darin. Doch ehe ich ganz versinke, beginne ich wie verrückt zu rudern, nämlich um mein Leben. Jetzt schalte ich mein Gehirn nicht mehr ein, jetzt geht es nur noch darum, nicht zu ertrinken. An Ruhe ist jetzt nicht mehr zu denken. Ruhe ist ein paradiesischer Zustand – ich aber befinde mich in der Hölle.

Der „angeschaltete" Welpe

Zurück zum Züchter. Was kann unter seiner Obhut zum Thema Überreizung stattfinden? Die Einstellungen von Züchtern Hunden und insbesondere Welpen gegenüber kann man in drei Kategorien fassen.

Zunächst gibt es die Züchter, die über Einschränkungen wirken. Sie überreizen ihre Zöglinge zwar nicht, sie bieten ihnen auf der anderen Seite aber auch gar nicht erst etwas an. Ein Beispiel hierfür wären Welpen, die auf einem Hof ausschließlich im Schweinestall aufwachsen und die möglichst schnell verkauft werden oder doch zumindest vom Hof verschwinden sollen. Diese Art der „Zucht" lassen wir hier außen vor.

Dann gibt es die Züchter, die den Welpen vieles anbieten, sie aber zu nichts zwingen. Sie bieten viel menschlichen Kontakt und Wärme, bemühen sich aber nicht rund um die Uhr darum, einen bestimmten Auftrag oder einen vorgegebenen Plan zu erfüllen. Sie haben, im positiven Sinne, wenig Sendungsbewusstsein und verspüren nicht den Druck, mehr aus der Situation machen zu müssen, als das, was gefordert ist: nämlich für die Welpen einen Rahmen abzustecken, innerhalb dessen sich diese an den gebotenen Reizen und Situationen ihren Anlagen und ihrem Entwicklungsstand entsprechend selbst bedienen können.

Und schließlich gibt es die Züchter, die von den Anlagen der Welpen fasziniert sind. Sie geben sich besonders viel Mühe, die jeweiligen Talente der von ihnen gezüchteten Rasse herauszukitzeln und in jeder denkbaren Art und Weise zu fördern. So bieten sie bevorzugt die Reize an, die die von ihnen gezüchtete Rasse besonders leicht zum Handeln herausfordert. Ein ausnehmend kritisches Beispiel wäre bei Terriern oder bei Hütehunden das Fordern und Fördern einer Reaktion auf Bewegungsreize.

Was sind also die Talente unserer Hunde?
Hütehunde wie der Border Collie haben das Talent zu fixieren und sprechen besonders leicht auf Bewegungsreize an. Wird hier eine einseitige Talentförderung betrieben, können sie später – so wie das bei Bandit der Fall sein wird – Autos jagen, in fahrende Reifen beißen oder ballverrückt werden. Labradore und andere Retriever haben das Talent, Dinge ins Maul zu nehmen und mit sich herumzutragen. Oft wird diese besondere Fähigkeit auch auf die Aufnahme von Unrat, Kot, Steinen oder anderen unerwünschten Dingen ausgeweitet. Terrier sind unerschrocken und prügeln sich gern – ungebremst neigen sie zur Selbstüberschätzung und zum Größenwahn. Windhunde können eines besonders gut: laufen und jagen. Frühförderung bedeutet später, dass man seinen Hund entweder nur als Punkt am Horizont wahrnimmt – oder aber ihn immer anleinen muss.

In den Welpengruppen kann man gut beobachten, wie Talente sich im Spiel immer wieder in den Vordergrund drängen. Der Terrier geht einer Prügelei nicht nur nicht aus dem Weg, sondern zettelt sie häufig an. Der Windhund fordert andere Hunde ausdauernd zu Rennspielen auf und zwar auch dann, wenn sein Gegenüber ein Mops ist. Der Border Collie rennt um alle anderen herum und versucht, sie mit seinen Blicken einzukreisen. Werden diese Talente aber von Familienhundehaltern nicht gedrosselt, um so für die Wahrnehmung des Welpen für soziales Verhalten, für Ruhe und vorausschauendes Verhalten überhaupt ausreichend Platz freizuhalten, dann nehmen die Talente stetig mehr und mehr und mehr Raum ein. Der Welpe aber muss lernen, dass vielleicht genau das, was er besonders gut kann, im Leben einer Familie überhaupt nicht wichtig ist. Stattdessen muss er Dinge lernen, die er nicht so gut kann, oder solche, bei denen ihm sein Talent eher im Weg steht.

Manche Züchter von Malinois, einem der Belgischen Schäferhunde, oder von Terriern arbeiten bereits in den ersten Lebenswochen mit einer Reizangel oder einer Beißwurst. Aufgrund seiner genetischen Disposition, also seiner Erbanlagen, reagiert schon der

Welpe auf einen solchen Reiz. Besser gesagt: Er *muss* auf ihn reagieren, er kann nicht anders. Ob ein Welpe aber einen Reiz annimmt und sich mit ihm in einer von ihm selbst bestimmten Zeitspanne auseinandersetzt oder ob er gezwungen ist, ihn anzunehmen – das sind zwei grundverschiedene Dinge. Provoziere ich also mittels eines sich schnell bewegenden Gegenstands, beispielsweise einer Beißwurst, das Packen und Zubeißen, lasse den Welpen die Wurst schütteln und überlasse sie ihm anschließend, trainiere ich bereits jetzt eine unmittelbare und damit unreflektierte Handlung meines Welpen. Ich löse einen Reiz aus – der Welpe nimmt ihn an, indem er sofort in die Handlung geht. Der Hund lernt also, auf Reize ohne weiteres Nachdenken zu reagieren. Er wird künftig über einen Reiz dieser Art nicht nachdenken, um seine Bedeutung zu erfassen, sondern er wird sofort handeln. So wird ein Reiz, dem zu folgen eine gewisse Freiwilligkeit zugrunde liegen sollte, zu einem Auslöser, gefolgt von einer nicht mehr vom Hund zu kontrollierenden Handlung. Der Welpe ist „angeschaltet". Dass aber Handeln ohne vorheriges Nachdenken schwerwiegende Folgen haben kann, das ist nicht nur bei Menschen so, das gilt auch für unsere Hunde. Ein Hund, der in die rotierenden Reifen eines fahrenden Autos springt und sie zu beißen versucht, ist nur eines von vielen Beispielen, wohin eine unreflektierte Reizbeantwortung unter Umständen später führen kann.

Ein solches Frühförderungsprogramm hat für Hunde bestimmter Rassen fatale Folgen. Die Züchter wiederum sind stolz darauf, einen „fertigen" Welpen abgeben zu können. Beispiel Schutzhundesport: Hier werden Hunde exzessiv mit Bällen als Beute manipuliert und ständig Beute-Fang-Szenarien hergestellt, um die Hunde zu immer höheren „Leistungen" anzuspornen. Nicht immer und nicht zwangsläufig muss deshalb ein durchgeknallter Hund entstehen, der Reize zwar vehement beantworten, aber nicht mehr differenzieren kann. Professionelle Hundesportler können mit dieser potenziell explosiven Situation umgehen – der Laie oftmals leider nicht. Ist der Welpe nun bereits vom Züchter „angeschaltet", brauchen sich Schutzhundesportler nicht mehr um die Initiierung zu kümmern, sondern können gleich loslegen. Der Preis jedoch, den der Hund dafür zahlen muss, ist hoch, häufig viel zu hoch – worauf wir später noch einmal ausführlicher eingehen werden (siehe S. 104 ff.).

Was passiert jetzt im Gehirn?

Was aber läuft im Gehirn eines Welpen ab, der „angeschaltet" wird? Reize aller Art werden von ihrer Quelle ans Gehirn geschickt, das sich dann eine angemessene Reaktion einfallen lassen und diese wieder an die Quelle zurückschicken soll. Ein Beispiel: Der Hund tritt auf einen Dorn. Das verursacht ihm Schmerzen, die an das Gehirn weitergeleitet werden. Sinngemäß stellt der Körper hier die Frage: „Hilfe, was soll ich tun?" Das Gehirn, das bereits eine Reihe ähnlicher oder deckungsgleicher Erfahrungen abgespeichert hat, weist die entsprechende Muskelgruppe an, sich von der Gefahrenquelle zurückzuziehen. Der Hund zuckt unwillkürlich – also ohne dies zu beabsichtigen – zurück und der Schmerz lässt nach.

Erfahrungen dieser und anderer Art hinterlassen im Gehirn Spuren. Es werden sogenannte Verschaltungen hergestellt. Zwischen dem Reiz (hier der Dorn) und der Reaktion (hier dem Zurückzucken) findet eine Kettenreaktion statt. Geschieht dies zum allerersten Mal, muss die Information den Weg durch ein noch recht unwegsames Gelände finden, sie „bahnt" sich also ihren Weg. Dieses wird durch Synapsen gewährleistet, die die Information (Hilfe – Schmerz!) mittels elektrischer und chemischer Impulse in einer geradezu atemberaubenden Geschwindigkeit von einer Nervenzelle zur nächsten weiterleiten. Wiederholt sich aber diese Erfahrung, tritt sich in dem vormals unwegsamen Gelände allmählich ein schmaler Trampelpfad aus. Bei entsprechend häufigen Wiederholungen kann dieser schmale Pfad die Ausmaße einer achtspurigen Autobahn annehmen.

Eine solche Autobahn ist für manche Vorkommnisse ein Segen, für andere aber auch ein mögliches Hindernis. Denn welchen Weg werde ich einschlagen – kämpfe ich mich wirklich durch ein vollkommen unwirtliches Dickicht, wenn nicht weit entfernt eine breite Straße mir das Fortkommen bedeutend erleichtern kann? Heute nehme ich also mal die breite Straße. Und morgen? Morgen entscheide ich mich wieder für die breite Straße, der Nachhauseweg war angenehm einfach. Übermorgen denke ich gar nicht mehr darüber nach, welchen Weg ich einschlage, sondern nehme die breite Straße. Schon bald habe ich vollkommen vergessen, dass es da ja auch noch den kleinen Trampelpfad gab, der an vielen Stellen eine wunderbare Aussicht bot und der an jeder Biegung wieder die unglaublich spannende Frage aufwarf, wie es wohl dahinter aussehen könnte.

Der Vergleich mit der Autobahn fasst es schön zusammen: schnell am Ziel, aber wenig interessant. Nachdenken ist nicht notwendig, Autobahnen sind schließlich bis hin zum Hinweisschild für die nächste Toilette, den nächsten Geldautomaten, die nächste Tankstelle ausgeschildert. Rasten an einer unerwartet schönen Stelle entfällt, da die vorhandenen Raststätten weder unerwartet noch schön sind. Der Hamburger schmeckt überall gleich, der Kaffee ebenfalls. Eigene Entscheidungen sind nicht mehr zwingend notwendig, fahren heißt schlichtweg immer geradeaus und ausschließlich in eine Richtung.

Hat eine solche „Autobahn"-Verschaltung im Gehirn stattgefunden, wird der Hund ärmer. Ärmer an Erlebnissen. Ärmer an Möglichkeiten. Ärmer an Erfahrung. Und damit ärmer an der Fähigkeit, sich auch unerwartet auftretenden Ereignissen schnell und angemessen anzupassen. Denn alles, was auf Autobahnen nicht vorkommt, das gibt es gar nicht. Kommt mir doch mal jemand vollkommen unerwartet auf einer solchen Autobahn entgegen, raste ich aus. Ein Geisterfahrer – und ich bekomme einen Herzkasper. Wäre mir auf meinem kleinen Trampelpfad jemand unverhofft begegnet, wäre ich ihm vermutlich ausgewichen oder hätte mich einfach nur weggeduckt. Was auch immer ich getan hätte, mir wäre etwas eingefallen, denn so ein Trampelpfad eröffnet viele Möglichkeiten, während eine Autobahn mir zwar das Rasen gestattet, aber mich ansonsten in meinen Möglichkeiten und meinem Verhalten stark begrenzt.

Kurzum: Als kleiner Hund muss ich nicht nur Erfahrungen sammeln dürfen (und die macht ein junger Hund dann und wann sogar jenseits des Trampelpfads!), ich muss diese auch mit allen anderen gemachten Erfahrungen verschalten, sprich im Gehirn vernetzen. Ist diese Vernetzung über ein möglichst breit gefächertes Areal mit zahlreichen kleinen und sehr kleinen Sträßchen gegeben, ist das Ergebnis die sogenannte „Plastizität des Verhaltens", also eine Dehnbarkeit des Verhaltens. Je dehnbarer mein Verhalten ist, je angemessener und fein abgestimmter kann ich meine Reaktion auf ein Ereignis dosieren. Plastizität und Dehnbarkeit machen Hunde hellhörig und feinfühlig. Es befähigt sie zu angemessenen Reaktionen, da sie die Dosierung ihres Verhaltens sehr fein bestimmen können. Diese Dehnbarkeit bedeutet also das Gegenteil von grobschlächtig, derb, ungestüm, rücksichtslos, dumpf. Es sind feine, empfindsame Hunde, die aber dennoch – und das ist auch eine Frage der Dosierung! – den Umständen entsprechend auch mal äußerst grob zuschlagen können! Wir haben es eben nicht mit einem feinen Pinkel zu tun, der Grobheiten aus moralischen Gründen ablehnt, sondern mit einem Hund, der sich so oder so entscheiden kann, der sich in diese oder in eine andere Richtung „dehnen" kann.

Zurück zum Welpen: Es ist also für das spätere Leben eines Hundes von nicht zu unterschätzender Bedeutung, dass einerseits Erfahrungen aller Art – also auch unangenehme! – gemacht werden dürfen und dass andererseits dem Welpen die Möglichkeit geboten wird, aus den gemachten Erfahrungen eigene Schlussfolgerungen zu ziehen. Dazu bedarf es der Zeit, des Trödelns, des ungerichteten, ziellosen und zweckfreien Nachhängens von Gedanken. Kurzum, es bedarf der Langeweile.

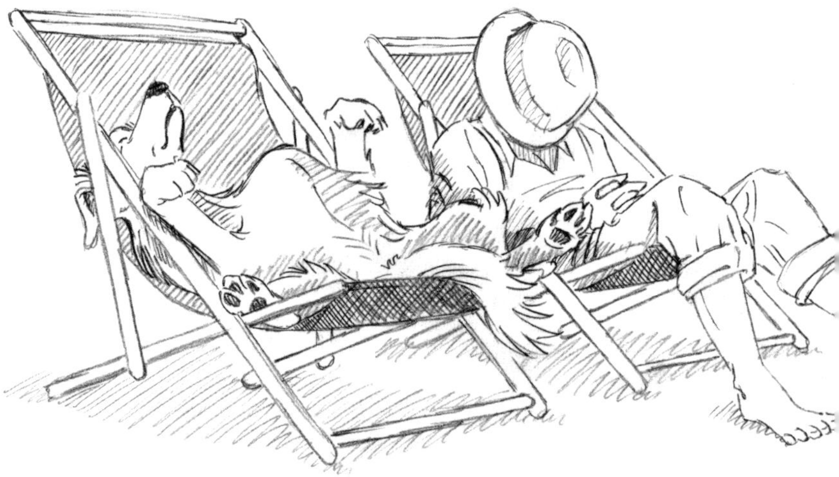

KLEINES PLÄDOYER FÜR DIE „LANGE WEILE"

„Nein, nicht doch!", rufen Sie jetzt entsetzt aus. „Unser Welpe soll sich nicht langweilen müssen!"

Müssen?

Dürfen!

Hey, du kleiner Kerl, du darfst einfach mal nichts tun. Du musst nicht zum Klavierunterricht, Ballett fällt diese Woche aus, bei Aikido für kleine Wesen ist die Lehrerin erkrankt und die dritte Fremdsprache im Vorschulalter vergessen wir einfach mal. Du darfst dich langweilen! Was für ein schöner Tag! Du darfst der dicken Hummel zusehen, wie sie von Blüte zu Blüte brummt, du darfst angesichts des leckeren Grilldufts von nebenan in unanständige Träumereien verfallen, du darfst dich wälzen, du darfst dösen, du darfst gedankenverloren einem Flugzeug nachblicken, das im Blau des Himmels

eine schmale weiße Spur hinterlässt. Du darfst darüber nachdenken, warum das so ist – du darfst es aber auch lassen.

Heute ist ein schöner Tag. Keiner treibt dich an, niemand möchte, dass du besonders hoch springst, besonders eifrig suchst, besonders schnell im Slalom läufst. Heute ist ein schöner Tag, heute darfst du einfach nur Hund sein.

Du darfst schnüffeln, du darfst buddeln, du darfst dich dreckig machen. Und du darfst stromern. Hunde stromern für ihr Leben gern. Mal hier entlang, dann wieder dort. Mal haben sie es eilig, dann wieder saugen sie sich minutenlang irgendwo mit der Nase fest. Sie stromern. Eine Art Schaufensterbummel (wer hat heute noch die Zeit dazu?) für Hunde. Man darf sich alles ansehen, muss aber nichts kaufen.

Lange Weile ist eben gerade nicht langweilig! Ganz im Gegenteil: Durch sie kann man so vieles entdecken, das sonst vielleicht unbemerkt vorbeigeschlichen wäre. Wenn ein kleiner Hund – oder ein kleiner Mensch! – sich mal langweilt, ist das keine sinnlos vergeudete Zeit. Beide lernen gerade jetzt, aus eben dieser langen Weile, eine Lösung für sich zu finden. Sie könnte neugieriges Erkunden auslösen, sie könnte aber auch in einem kleinen Nickerchen in der Sonne enden. Der kleine Welpe lernt etwas elementar Wichtiges: nämlich mit sich selbst umzugehen.

Für uns Menschen gibt es an jeder Ecke einen Kurs über Entschleunigung. Wir suchen sie mit Hilfe von Tabletten, Yoga, Sport, Meditation – und Drogen wie dem Alkohol. Ärzte raten dazu, auch mal kürzerzutreten, Psychologen warnen vor einem zwanghaften Perfektionismus. Trotz der gut gemeinten Ratschläge schaffen wir es meist nicht. Aber muss deswegen unser Hund auch in diesen Strudel geraten? Könnten wir nicht, anstatt unseren Hund mit ein oder zwei Jahren mühsam zu entschleunigen, anfangs einfach nicht so viel Gas geben?

Gerade weil die Welpenzeit so kurz ist, ist man versucht, diese wenige Zeit bis oben hin vollzupacken mit von außen kommenden Dingen. Wir trauen dem Hund nicht so recht zu, dass ihm eine eigene Vitalität innewohnt und er viele Wege auch ganz alleine finden wird. Eigentlich vertrauen wir dem Leben nicht so recht.

Lassen Sie ihn Hund sein und gönnen Sie ihm etwas lange Weile! Und wenn Sie ihn dann beobachten, wie er scheinbar ohne vorher festgelegten Plan ziellos von einer Ecke des Gartens in die andere trödelt oder einfach nur faul im Gras liegt – legen Sie sich zu ihm, schließen Sie die Augen, spüren Sie sein warmes, weiches Fell. Wenn Sie jetzt wirklich und allen Ernstes immer noch daran denken, dass Sie eigentlich noch dieses und jenes mit ihm machen müssten – dann, mit Verlaub, ist vielleicht ein Hund einfach nicht das richtige Tier für Sie.

ARBEITSHUNDE – WAS UNTERSCHEIDET SIE VON STEFFI GRAF?

Es gibt sie noch, die Hunde, die einen richtigen Job haben. Sie helfen dem Schäfer tagsüber, die Herde zusammenzuhalten, und sie abends nach Hause zu treiben. Sie führen blinde Menschen durch ein undurchsichtiges Netz von Straßen, Treppen, Bordsteinen, sie leiten sie an Hindernissen vorbei und zeigen ihnen, wo eine Parkbank steht oder ein Briefkasten zu finden ist. Sie begleiten den Jäger bei der Jagd, sie stöbern für ihn Niederwild auf oder helfen ihm bei der Nachsuche. Sie fliegen für Rettungseinsätze durch die halbe Republik und suchen mit ihren hochempfindlichen Nasen nach Menschen, die aus den unterschiedlichsten Gründen verloren gegangen sind. Sie unterstützen motorisch beeinträchtigte Kinder beim Erlernen komplizierter Bewegungen. Sie besuchen Altersheime und senken dort den Blutdruck. Sie können all dies und noch viel mehr – sie sind aus unserem Alltag nicht wegzudenken.

Aber wie sieht es eigentlich mit ihrer Freizeitgestaltung aus? Was haben sie als Welpen gelernt? Mussten sie schon sehr früh ihre späteren Fähigkeiten üben und nochmals üben, um später im Leben den ihnen zugedachten Job perfekt ausführen zu können? Mit vier Jahren bereits kleine Mozartstückchen auf der Violine gespielt, mit sieben der erste Preis der Nachwuchstalente seiner Altersklasse, mit zwölf der erste Auftritt mit einem international renommierten Orchester, und jeden Tag üben, üben, üben … ist das bei Hunden auch so?

Verblüffenderweise verläuft die „Karriere“ eines Arbeitshundes nicht wie die eines Violinvirtuosen in spe, ganz im Gegenteil. Nehmen wir das Beispiel des Border Collies, der allein mit seinem fixierenden Blick die Schafe in eine bestimmte Richtung „drückt“, also treibt. Ein Border Collie lernt bei seinem Schäfer im ersten Lebensjahr nur eines: Alles bewegt sich, nur du bewegst dich nicht, sondern du bleibst bei mir. Er lernt Ruhe, Ruhe und nochmals Ruhe. Er lernt also zunächst einmal, sein ausgeprägtes Talent, sich schnell und zielgerichtet zu bewegen, zu zügeln. Er lernt, Bewegungsreizen nicht nachzugeben, sondern sie hinzunehmen und ihnen mit Gleichmut zu begegnen. Er lernt, seine Antriebe zu kontrollieren. Er lernt etwas, das Steffi Graf nicht lernen musste: sein Talent zu beherrschen. Er lernt, dass man häufig nicht das bekommen kann, was man unbedingt bekommen möchte. Er lernt also, auch frustrierende Situationen auszuhalten, ja mehr noch, er lernt, dass es ihm nichts ausmacht, sie auszuhalten. Talent und Frustration gehören zusammen wie Topf und Deckel. Vom ausgeprägten Talent hin zum Wahnsinn ist es nur ein winzig kleiner Schritt, der eben gerade nicht gegangen werden sollte. Eine Gratwanderung, auf der man leicht und tief abstürzen kann.

Ein Hund genau wie ein Mensch muss lernen, mit den Anlagen und Fähigkeiten, die er hat und die ihn ausmachen, umzugehen. Das heißt, es muss für den Hund passen, es muss für die Familie passen und es muss für die Umwelt passen. Dass bei ausgeprägten Talenten hier Kompromisse geschlossen werden müssen, bleibt nicht aus.

Aber was ist das eigentlich, ein Talent? Seit der Mensch den Hund für bestimmte Aufgaben selektiert hat, die ihm diese und jene Arbeit abnehmen (den Hof bewachen, die Schafe zusammentreiben, die Herde gegen Wölfe und andere Wildtiere schützen, das angeschossene Wild suchen, finden und bringen), seitdem gibt es diese Talente. Talente sind nichts anderes, als dass bestimmte Eigenschaften eines Hundes durch Selektion hypertrophiert, also hervorgehoben, werden. Will ich einen Spürhund haben, wird mir sein Aussehen ziemlich egal sein und ich werde mein Augenmerk auf seine Riech- und seine Konzentrationsfähigkeit richten. In jedem Wurf wähle ich diejenigen Hunde aus, die die Aufgaben eines Spürhundes am erfolgreichsten meistern. Allmählich werde ich Hunde haben, die dieses ganz bestimmte Talent, nämlich aufzustöbern und eine Spur zu verfolgen, verlässlich zeigen. Ich habe also ein Verhaltensmerkmal in den Vordergrund gezüchtet.

Zurück zu unserem jungen und talentierten Border Collie. Am Ende dieses Jahres, in dem er noch keinerlei Ausbildung im eigentlichen Sinn erhalten hat, hat er dennoch die Voraussetzungen erlangt, die jeder gute Arbeitshund mitbringen muss: eine gewisse Gelassenheit. Ein kühler Kopf, der Reize einschätzt und sie erst dann der Situation entsprechend beantwortet. Ein Hund, der gelernt hat, mit seinen eigenen Anlagen umzugehen. Dabei darf er, seinen Erbanlagen folgend, ein Schnelldenker sein.

Schnell, aber nicht hektisch.

Flink, aber nicht kopflos.

Erst wenn er diese Grundvoraussetzungen erfüllt, beginnt mit frühestens einem Jahr seine eigentliche Ausbildung. Dann erst darf er ab und an einer Herde nachjagen. Da er dabei aber weder hektisch noch kopflos ist, kann der Schäfer ihn lenken oder ihn sogar mitten aus dem Geschehen heraus abrufen. Sein Hund wiederum kann durch eine Schafherde hindurchlaufen und dabei nicht in hütendes Verhalten verfallen. Was für eine erstaunliche Leistung!

Der Schäfer hat aber nicht nur das Talent des Hundes gedrosselt, er hat ihn darüber hinaus in Ruhe reifen lassen. Wie einen guten Käse, wie einen guten Wein. Da gibt es weder einen Schnelldurchlauf noch eine Abkürzung. Das dauert ganz einfach seine Zeit. Lassen wir dem Hund diese Zeit und greifen nicht ständig mit unserem zwanghaften Aktionismus in diesen Prozess ein, verschaltet sich im Gehirn des Hundes die Fähigkeit, einen Reiz wahrzunehmen und ihm auch durchaus entsprechen zu können, ihm aber nicht sofort entsprechen zu müssen. Der Hund *kann* handeln, *muss* es aber nicht. Er kann kurz überlegen und differenzieren: Ist das mein Reiz (beim Schäferhund also ein Schaf) oder ist es ein rennendes Kind, ein Jogger, ein Auto? Letzteres Verhalten steht weit oben auf der Liste der Probleme, weswegen Hundehalter später einen Verhaltensberater oder Trainer aufsuchen. Man tut also gut daran, rechtzeitig und weitsichtig für den Hund die richtigen Weichen zu stellen und einen solch unreflektierten Automatismus seitens des Hundes zu verhindern.

Der Vergleich zum Familienhund, der häufig partout nicht von etwas für ihn auch nur ansatzweise Interessanterem als seinem Menschen abrufbar ist, drängt sich auf. Was haben unsere Familienhunde in Welpengruppen, Junghundgruppen, Beschäftigungs- und Beziehungskursen gelernt? Sind sie gerüstet für ihr zukünftiges Leben? Wie sieht dieses Leben aus – was müssten sie können, um sich darin zurechtzufinden? Müssen sie Agility-Parcours perfekt und in Rekordzeit durchlaufen können? Müssen sie in Erwartung eines Leckerlis eine Fülle unterschiedlicher Verhaltensweisen anbieten? Ein Schritt vor ... nein, das ist es nicht. Ein Schritt zurück ... nein, das ist es auch nicht. Ich drehe mich um die eigene Achse ... auch das ist es nicht ...

Gibt es vielleicht etwas ganz Grundlegendes, das unsere Hunde nicht gelernt haben? Wenn ja, was ist das? Und warum wird das in den meisten Hundeschulen nicht angeboten? Vielleicht weil die Hundehalter erst dann für die Problematik sensibilisiert sind, wenn das Kind bereits in den Brunnen gefallen ist? Würden Sie mit Ihrem Welpen einen Kurs buchen, der unter dem Titel „Frustrationstoleranz aufbauen und festigen“ angeboten wird? Nein?

Das ist nur zu verständlich, denn wenn wir einen kleinen Welpen zu uns geholt haben, wollen wir etwas ganz anderes: Wir wollen ihn lieben. Wenn wir ihn lieben, so die vermeintlich logische Annahme, wird er uns auch lieben. Wir werden eine „gute Bindung“ haben, wir werden einander vertrauen. Wir wollen ihn verwöhnen, ihn umsorgen, ihm das Leben versüßen. Dass zur Liebe – und hier: Fürsorge – auch andere Dinge dazugehören, das ist nur wenigen präsent und auch anderweitig in unserer Gesellschaft ein geradezu verpönter Gedanke. Liebe heißt eben nicht, immer nur lustig und immer nur positiv. Liebe kann – und muss! – auch bedeuten, dass ich meinen kleinen Hund auf das häufig doch sehr gewöhnungsbedürftige Leben als Familienhund mit all den dazugehörigen Belastungen und Verzichtsmomenten, aber auch mit all den schönen, innigen Augenblicken vorbereite. Wie sieht die Welt aus, in der er leben muss, wenn er erwachsen ist? Was muss er dann können? Was muss er aushalten?

Beispielsweise muss er lernen, alleine zu bleiben, während seine Menschen arbeiten gehen – und diese Fähigkeit ist nur eine der vielen Anforderungen, die wir an unseren Hund stellen. Wir finden, das muss er können. Er findet es ein Unding, es ist ihm weder ein Bedürfnis, noch möchte er es näher kennenlernen. Dennoch muss er lernen, auch ihm nicht angenehme Dinge zu ertragen. Die Voraussetzung aber, um mir nicht angenehme Dinge ertragen zu können, ist ein gewisses Maß an Frustrationstoleranz. Ich mag es zwar nicht, aber ich habe es dennoch gelernt und kann es jetzt ertragen – gelassen ertragen. Ruhe und Gelassenheit sind nicht angeboren, sie wollen gelernt sein. Und zwar Schritt für Schritt und Tag für Tag.

Dennoch: Den Kurs mit dieser Frustrationstoleranz, den haben wir erst einmal abgesagt. Das kann man später noch machen. Jetzt festigen wir erstmal die Bindung.

DAS NEUE ZUHAUSE – DER WELPE BIS ZUR 16. BZW. 18. WOCHE

Der heiß ersehnte Tag ist endlich da: Der Welpe zieht bei seiner bisherigen Familie aus und bei seiner neuen Familie ein. Ein altes Kleidungsstück mit dem Geruch seiner Mutter und seiner Geschwister ist sein einziges Gepäck. Es soll ihn trösten, wenn er sich einsam fühlt.

Einsam? Wie das? Viele Menschen erwarten ihn und wollen ihm ganz nah sein, ihn streicheln und küssen und herzen und ihm die abrupte Trennung von seiner Mutter und den Geschwistern mit Liebkosungen, Spielzeug und tausend bunten Leckerlis versüßen.

DIE QUAL DER WAHL

Gehen wir noch einmal einen Schritt zurück und sehen uns an, wie Familie A. und Familie B. sich ihren Welpen ausgesucht haben.

Beide waren mehrmals bei der Züchterin zu Besuch und haben lange mit ihr gesprochen. Die Züchterin hat ihnen viel über die Rasse der Australian Shepherds erzählt und den künftigen Haltern ihrer Hunde mehr als nur ein paar Tipps zur Genetik, also den Erbanlagen, und zum Verhalten der Hunde mitgegeben. Auch vor Warnungen hat sie sich nicht gescheut. Denn sie weiß, wie ihre Hunde sich entwickeln können und wo die Gefahren insbesondere für diese, ihre, Rasse liegen. Sie hat viel von Ruhe einfordern, Gelassenheit wahren, den Welpen nicht ständig überfordern, aufdrehen und beschäftigen gesprochen. Der berühmte „will to please" verleite gerade die Hütehunde dazu, ständig unterschiedliches Verhalten anzubieten und somit den unerfahrenen Hundehalter glauben zu machen, der Hund langweile sich und müsse besser, mehr und öfters beschäftigt werden. Genau das Gegenteil sei der Fall. Der Australian Shepherd – und darin unterscheidet er sich nicht grundlegend von anderen Rassen – brauche eine klare und unaufgeregte Erziehung, sprich einen klaren und unaufgeregten Halter.

Merle B. begrüßt die Züchterin nur flüchtig, ehe sie zu den vier Wochen alten Welpen eilt. Was sehen die niedlich aus! Lauter kleine Wattewölkchen tapsen herum und kullern durch die Gegend. Merle B. ist heute gekommen, um sich einen Welpen auszusuchen. Einen Welpen, der ihr Hund werden wird. Der Hund, den sie sich seit so langer Zeit gewünscht hat, genauer gesagt, seit sie denken kann. Schon als Kind war ihr sehnlichster Wunsch der nach einem Hund gewesen. Ein Hund, ein Kumpan, ein Freund, mit dem sie durch dick und dünn gehen wollte, in dessen Fell sie ihre Nase vergraben und die Welt da draußen vergessen konnte. Die Scheidung ihrer Eltern, der Umzug in eine neue Stadt, die kleine Wohnung ohne Garten, der merkwürdig unverständliche Dialekt der Menschen, die neuen Klassenkameraden, die ihr auch nach Monaten immer noch so fremd waren. Ein Hund hätte all diese Probleme mit einem Schlag gelöst – dessen war sie sich sicher.

Heute nun kommt sie der Erfüllung ihres sehnlichsten Wunsches ein ganzes Stückchen näher. Und der ist nach wie vor: ein Hund, unbedingt ein Hund! Merle B. arbeitet bei einer Bank und kann sich, nachdem sie auf Teilzeit umgestiegen ist, nun endlich mit Anfang vierzig diesen Wunsch erfüllen. Ihr Mann Holger ist von einem Hund weniger begeistert. Er befürchtet eine Belastung ihrer Beziehung und eine Einschränkung ihrer Beweglichkeit. Er sieht sich bereits mit Frau und Hund an der kalten Ostsee Urlaub machen und nicht, wie bisher, an einem unendlich langen, weißen, tropischen Sandstrand. Schließlich verständigen sie sich darauf, dass der Hund im Wesentlichen Merles Aufgabe sein wird. Sie wird sich um seine Erziehung, sein Futter und seine Spaziergänge kümmern. Auch die Fernurlaube waren nicht gefährdet, denn Holgers Eltern haben sich bereit erklärt, den Hund in diesen Zeiten zu sich zu nehmen. Holger ist zufrieden. Sogar die Auswahl des Hundes überlässt er seiner Frau – nur ein Rüde soll es sein, unbedingt.

Merle greift nach dem Welpen mit dem schwarzen Fleck über dem einen Auge. Sie weiß sofort: Der ist es. Bandit soll er heißen, mit seiner Augenbinde. Ein kleiner Pirat, ein Schelm, einer mit Charakter. Bandit eben. Die anderen Welpen sind auch sehr niedlich, besonders der Gescheckte mit den vielen Farben. Oder der Braun-weiße. Oder der mit dem Knickohr. Sie drückt Bandit an sich, Bandit blinzelt sie an. Ja, denkt sie, der passt.

Familie A. ist vollzählig bei der Züchterin eingetroffen. Die Kinder wissen, dass sie nicht sofort auf die kleinen Hunde losstürmen dürfen, und knien sich mit etwas Abstand vor ihnen hin. Die Welpen kommen einer nach dem anderen auf sie zugestürmt und klettern auf den Kindern herum. Die sind alle toll, die nehmen wir alle mit, lautet das Votum der Kinder. Wir schauen erst mal, sagt der Vater. Einer der Welpen war nicht sofort zu ihnen gerannt, sondern hatte noch einen Augenblick lang etwas verträumt auf dem Teppich gesessen, bevor er die Gäste genauso freundlich wie zuvor seine Geschwister begrüßte.

Genau dieser gefällt Petra, weil er zu überlegen scheint, ob er mitmacht oder nicht. Ihr Mann nickt, das hat ihm auch gefallen. Julian lacht, als ihm einer der Welpen den Arm leckt.

Die Kinder wollen den mit dem Knickohr. Wir nehmen den Denker, entscheiden die Eltern.

Die meisten Menschen suchen sich ihren zukünftigen Hund nach seinem Aussehen aus. Der mit dem Fleck, der mit dem Knickohr, der mit dem bunten Fell, der mit der lustigen Ringelrute. Oft ist es Liebe auf den ersten Blick. Der und kein anderer! Wir spüren eine Verbindung, eine Anziehung, eine Art Zugehörigkeit – wir haben uns verliebt.

Was ist passiert?
Nicht nur der Welpe auf der Futterpackung grinst etwas jenseits von Gut und Böse, auch die Welpenbesitzer in Welpengruppen leben in einer ganz eigenen Welt – genau wie frischgebackene Eltern. Denn bei Menschen (bei Frauen mehr als bei Männern) setzt das Kindchenschema, also die „niedlichen“ Gesichtszüge eines Babys, das „Bindungshormon“ Oxytocin frei. Dieses Hormon bewirkt eine Art

Abschottung gegenüber der Umwelt und grenzt Eltern von „unwichtigen“ Umweltreizen und Anforderungen ab. Alles ist darauf abgestellt, sich auf die neue, anstrengende und nicht selten aufopferungsvolle Aufgabe zu konzentrieren und diese zu meistern. Eltern eines Neugeborenen sind dank ihrer Hormonausschüttungen glückselig und empfinden sich selbst als unverwundbar – und sind damit unendlich belastbar. Jetzt sind sie in der Lage, Dinge auszuhalten (beispielsweise den oft gravierenden Mangel an Schlaf hinzunehmen), die ihrer Gemütsverfassung unter normalen Umständen sehr zusetzen würden. Ihr Hormonkostüm gibt ihnen die Kraft dazu. Sie sind verzückt, sie sind begeistert, sie sind verzaubert.

Durchaus vorstellbar, wenn auch nicht wissenschaftlich belegt, wäre eine ähnliche Hormonausschüttung beim Anblick eines Welpen. Auch ein junger Hund bedient das Kindchenschema, wirkt tollpatschig und irgendwie unschuldig. Ein Welpe ist weder bitter noch sauer, ein Welpe ist süß – das jedenfalls empfinden fast alle beim Anblick dieses kleinen Wesens.

Interessant ist in diesem Zusammenhang, dass manche Rassen, wie beispielsweise der Mops oder andere kurznasige Rassen, auch als erwachsene Hunde ihr Kindergesicht behalten. Ein junger Schäferhund ist unglaublich niedlich – ein erwachsener hingegen kann sehr ernstzunehmend aussehen. Wohingegen ein kleiner Mops als Welpe niedlich ist und es zeitlebens auch bleiben wird. Folglich fällt einem Mopsbesitzer der Zustand der dauerhaften Verzückung viel leichter als einem Schäferhundbesitzer.

Aber wen immer wir uns auch aussuchen – passen wir überhaupt zusammen?

DIE PASSUNG – DRUM PRÜFE, WER SICH EWIG BINDET …

Was ist das überhaupt, eine gute Passung? Dass man sich mag? Dass man sich ähnelt? Hat das mit Liebe zu tun?

Eine gute Passung hat zunächst einmal etwas mit mir selbst zu tun und nichts mit dem zukünftigen Hund. Wie schätze ich mich selbst ein? Bin ich jemand, der Konflikte gerne angeht und löst, oder bin ich eher jemand, der ihnen nach Möglichkeit aus dem Weg geht? Bin ich klein und nicht besonders kräftig oder bin ich jemand, der mal eben einen Zementsack unter den Arm klemmt und in die Garage trägt? Gehe ich gerne raus oder bin ich ein Stubenhocker? Reagiere ich schnell auf meine Umwelt oder bin ich eher jemand, der erst die Vor- und Nachteile aller Möglichkeiten sorgfältig abwägt, bevor er handelt? Ein eher bedächtiger Mensch und ein Terrier – das geht aller Wahrscheinlichkeit nach nicht gut. Für einen Vierzig-Kilo-

Hund mit einem etwas schwächlichen Menschen sieht es ebenfalls nicht optimal aus. Hier stellt sich die Frage, welche Fähigkeiten wir sowohl psychisch als auch körperlich mitbringen.

Was bringen Spencers Menschen mit? Haben sie besondere Fähigkeiten? Thorsten und Petra A. haben vor allem eines: eine recht turbulente Familie. In einer Familie muss vieles funktionieren, und gerade deswegen müssen alle auch hin und wieder Zugeständnisse machen. Nicht der Einzelne steht im Vordergrund, sondern die Gemeinschaft. Nicht Ich, sondern Wir. Der Laden muss laufen, ob mit oder ohne Hund. In so einer Umgebung läuft ein Hund „nebenher", er wird nicht in den Mittelpunkt gestellt und folglich gliedert er sich irgendwie ein. Hier muss er, genau wie die Kinder, dann und wann seine eigenen Wünsche zurückzustellen: Mal gibt es keinen Spaziergang, mal bekommt er sein Futter erst spät abends, mal gibt es viel Besuch, dann wieder kommt tagelang niemand. Den Alltag so zu gestalten, dass er für alle irgendwie gut ist, bedeutet schlussendlich auch, dass er für Spencer gut ist. Petra und Thorsten kümmern sich um den Welpen, aber nicht rund um die Uhr. Sie herzen und verwöhnen ihn, doch wenn nötig haben sie genau wie in der Kindererziehung kein Problem damit, ihm seine Grenzen deutlich aufzuzeigen. Die Kinder toben mit ihm oder knutschen ihn ab, aber wenn ihre Freunde zum Kicken oder zum Spielen vorbeikommen, sind sie weg. Spencer lernt also, sich einzugliedern – und zwar nicht als Übung oder als Programm, nicht in der Hundeschule noch während einer therapeutischen Sitzung, sondern ganz einfach nur deswegen, weil Sicheingliedern sein Leben ist. Alle gliedern sich ein – Spencer hat gute Vorbilder.

Merle und Holger dagegen wollen unbedingt gute Vorbilder sein. Sie bemühen sich sehr, vor allem Merle. Auf ihr lastet der Erziehungsauftrag, so jedenfalls hatten es die beiden vereinbart. Diesen Auftrag nimmt sie ernst, sehr ernst sogar.

Merle ist ein freundlicher und umgänglicher Mensch, der es gerne allen recht macht. Streit geht sie, wenn irgend möglich, aus dem Weg. Konflikte machen sie unruhig und belasten sie. Lieber steckt sie ihre eigenen Interessen zurück, als etwas Unangenehmes anzusprechen oder ihre eigenen Interessen gegen die anderer durchzusetzen. Doch im selben Zug ist Merle auch sehr ehrgeizig, sie möchte immer alles möglichst gut machen, sie ist eine Perfektionistin. Perfektionisten haben genaue Vorstellungen, entwerfen Lebenspläne, informieren sich über Methoden und stellen hohe Ansprüche – vor allem an sich selbst. Merle möchte einerseits nichts falsch machen und andererseits alles richtig. Das ist anstrengend.

Holger ist Merle in puncto Konfliktfähigkeit sehr ähnlich, allerdings sind die Ansprüche an sich selbst deutlich niedriger. Er liebt seine Ruhe, seinen Bastelkeller, seinen geregelten Tagesablauf und schiebt die Verantwortung für Dinge, vom Bausparvertrag bis hin zur Hundeerziehung, gerne auf seine Frau. Unangenehme Dinge wie die Steuererklärung schiebt er jedes Jahr wieder so lange es geht vor sich her. Er ist ein ruhiger, etwas wortkarger, in sich gekehrter Mensch – lautes Benehmen, ständige Action, Aufregung und Aktionismus sind ihm verhasst.

Warum sind unsere eigenen Fähigkeiten so wichtig? Weil wir nicht alleine sind. Denn unser Gegenüber, also unser zukünftiger Hund, besitzt ebenfalls Fähigkeiten. Diesen müssen wir gewachsen sein. Wir müssen sie einschätzen und ihnen gegebenenfalls etwas entgegensetzen können, ohne vorher lange darüber nachzudenken.

Welche Fähigkeiten also besitze ich? Wie sieht mein Leben wirklich aus? Hole ich mir einen Hund, um mit ihm oder gar für ihn zu leben? Oder lade ich ihn in mein Leben ein, um mich zu begleiten? Wenn ich mir diese Fragen stelle, komme ich viel schneller zur Wahrheit: dieser Hund mit diesen Erbanlagen einerseits und ich mit meinem anstrengenden Job andererseits ... Mal ganz ehrlich: das schaffe ich nicht.

Wir alle denken erst einmal mit dem Auge, wenn wir einen Welpen aussuchen – sofern wir nicht einen sogenannten „Gebrauchshund“ wollen. Der mit dem gesprenkelten Fell, die mit den blauen Augen – das sind Merkmale, die uns sofort auffallen und die uns entweder ansprechen oder gleichgültig lassen. Das hat wiederum viel mit unseren Gefühlen, mit unseren Erinnerungen und Erfahrungen und nicht zuletzt mit der derzeitigen Lebensphase zu tun. Es ist auch vollkommen in Ordnung, dass unsere Gefühle sofort von bestimmten äußerlichen Merkmalen angesprochen werden. Es ist weder kitschig noch dumm oder rührselig, sondern das macht uns als Menschen aus und so dürfen wir sein!

Es ist vollkommen in Ordnung – aber ist es auch fair? Fair gegenüber dem kleinen Hund, der bei uns einziehen soll? Ist es fair, mit einem Herdenschutzhund wie einem Kangal oder einem Russischen Owtscharka in einer kleinen Wohnung im dritten Stockwerk eines Mietshauses zu wohnen? Ist es fair, einem überaus quirligen Hund mit einem ausgeprägten Bewegungsbedürfnis ein Leben mehr oder weniger ausschließlich auf der Couch zuzumuten? Wird es gut gehen, wenn ich mir einen Jack-Russell-Terrier ausgesucht habe, aber mit seiner Enthemmtheit, seinem Streben nach Freiheit und Unabhängigkeit schon alleine deswegen nicht umgehen kann, weil mir jede Form der Konfliktlösung, zumal in der Öffentlichkeit, ausgesprochen unangenehm ist?

Und noch etwas sollte zu denken geben: unsere überfüllten Tierheime. Wie viel Leiden könnten wir vermeiden helfen, indem wir uns nicht selbst Probleme schaffen, die wir nicht lösen können!

Mit unserem Welpen übernehmen wir die Verantwortung für einen Hund und ein ganzes Hundeleben. Dazu gehört auch, dass wir im Vorfeld kurz die Augen schließen, die optischen Reize bewusst zur Seite schieben und uns die genannten Fragen ehrlich beantworten. Es ist ein schlimmes Gefühl, einen Hund im Tierheim abzugeben, weil ihn entweder die Umwelt nicht mehr erträgt oder weil einem selbst die Probleme so sehr über den Kopf gewachsen sind, dass man sich hilflos geschlagen gibt. Für uns ist es ein schlimmes Gefühl – für unseren Hund aber, der uns seinerzeit wegen seines gesprenkelten Fells und seiner blauen Augen so unmittelbar angesprochen hat, geht an diesem Tag die Welt unter.

Nun geht es nicht darum, alles zu bedenken und sich bereits im Vorfeld in alle Richtungen hin abzusichern. Das wäre am Leben vorbeigedacht. Ganz abgesehen davon, dass es träge Terrier gibt und Rottweiler, die von ihrer enormen Kraft noch nie Gebrauch gemacht haben. Nichts ist in Stein gemeißelt. Probleme gehören zum Leben und ganz besonders zum Leben mit einem Hund dazu. Damit muss man umgehen lernen. Genau um dieses Umgehen aber geht es! Um später mit auftauchenden Problemen auch umgehen zu können, ist die Frage nach der Passung wichtig. Uns selbst und unserem Hund zuliebe sollten wir zu einer ungeschminkten Selbsteinschätzung finden.

Spencer und Bandit sind Australian Shepherds, also Hüte- und Treibhunde. Ihr Name verleitet zu der Annahme, sie wären in Australien zu Hause, doch die „bunten Hunde“ kommen aus Nordamerika. Ihre Aufgabe war und ist das Hüten von Schafen und das Treiben von Rinder- und Pferdeherden. Dazu müssen sie einerseits eng mit dem Menschen zusammenarbeiten und andererseits ganz schön hart im Nehmen sein. So sehr man bei dieser Rasse von einem „will to please“, also der Bereitschaft zu gefallen, spricht, so sehr neigen die „Aussies“ auf der anderen Seite zur Eigenständigkeit. Sie haben ihren eigenen Kopf, finden schnell neue und eigene Lösungen, sind häufig etwas rüpelhaft mit anderen Hunden und entsprechen insgesamt so gar nicht dem Bild, das die flauschigen „Wölkchen“ im Welpenalter zunächst abgeben. Es sind zähe, mutige, taffe Hunde, körperlich recht unempfindlich und unzimperlich im Umgang mit Artgenossen.

Kann man mit ihnen umgehen und ihnen einen klaren Rahmen zuweisen, sind es unproblematische Hunde, die sich gut in eine Familie eingliedern können. Problematisch erweist sich hingegen in der Praxis häufig der Umstand, dass sie dem Bedürfnis des Menschen nach Nähe, nach Kuscheln und Schmusen und Herzen und Küssen, bereitwillig und gerne nachkommen. Einerseits suchen sie selbst diese Nähe und andererseits finden sie Gefallen daran, zu gefallen. Sie schenken dem Menschen also verschwenderisch viel Nähe, wodurch es wiederum vielen schwerfällt, sich ihnen gegenüber klar abzugrenzen und sich als derjenige darzustellen, der die Rahmenbedingungen festlegt und den Erziehungsauftrag annimmt. Macht ein „Aussie“ Schwierigkeiten, ist er unruhig, unkonzentriert oder gar hyperaktiv, ist meist der erste Gedanke seines Halters, der Hund sei zu wenig ausgelastet. Was tun, wenn das der Fall ist? Natürlich mehr „Auslastung“ schaffen. Was darunter im Einzelfall verstanden wird, ist sehr unterschiedlich und reicht von ebenso intensivem wie stereotyp-stupidem Ballspielen über Beschäftigungen wie Agility, Flyball oder Longieren bis hin zu einer Dauerbespaßung rund um die Uhr. Doch meist ist es nicht die mangelnde Auslastung, die dem Hund zu schaffen macht. Nicht die Auslastung ist das Problem, sondern die Beziehung. Macht ein Australian Shepherd während eines ganz normalen Spaziergangs (also einem Spaziergang, an dem außer spazieren gehen nichts weiter stattfindet) Blödsinn oder gehorcht nicht mehr, so heißt das nicht unbedingt, dass er unausgelastet ist. Vielmehr hakt er gerade in der Beziehung nach und versucht, eine Unterhaltung mit seinem Menschen anzuzetteln. So könnte er fragen: „Du, sag mal, gilt heute immer noch das, was gestern galt?“ Oder auch: „Schau mal, ich büchse ein wenig aus! Und was machst du jetzt?“ Das sind natürlich genau die Fragen, die andere Hunde auch stellen. Doch bei einem Hütehund denken wir sofort: Hilfe, das Tier ist unausgelastet! Es muss beschäftigt werden!

Und dann geht es los. Das wirklich Vertrackte dabei ist: Je mehr wir den Hund beschäftigen, desto unruhiger wird er – zumindest bei bestimmten Beschäftigungsformen. Für schnelle Hunde, wie es die Hütehunde sind, sind gerade „langsame“ Beschäftigungen sinnvoll: Nasenarbeit (Fährtensuche, Mantrailing) oder auch Longieren, sofern genau dies berücksichtigt wird. Und eben Spazierengehen. Einfach „nur“ spazieren gehen. Manchmal trifft man mit etwas ganz Einfachem genau ins Schwarze! Beim Spazierengehen kann man schnüffeln, stehen bleiben, ausruhen, vielleicht schwimmen oder am Seeufer herumwuseln, vor allen Dingen aber kann man mit seinem Menschen zusammen sein. Es muss nicht immer Kaviar sein – nicht selten schmecken Pellkartoffeln mit Quark einfach besser!

Schauen wir uns einige Hunderassen einmal genauer an.

Grob gesprochen kann man die ständig wachsende Zahl der Hunderassen in sechs Gruppen einteilen: den Schäferhund-Typ, den Rattler- sprich Terriertyp, die nordischen Hunde, den Lagerhund-Typ, den Windhund-Typ und schließlich die Laufhunde.

Der Schäferhund-Typ ist ein Laufhund, also ein aktiver Hund. Hierzu gehören die Deutschen und Altdeutschen Schäferhunde sowie die zahlreichen und regional so unterschiedlichen Hüte- und Treibhunde wie beispielsweise der Berger de Pyrenées, der Gos d'Atura, der kleine ungarische Mudi, die verschiedenen Collies und der Australian Shepherd. Da ihre eigentliche Aufgabe die ist, dem Schäfer auf unterschiedliche Art und Weise bei seiner Arbeit behilflich zu sein, sind sie bereits von der Erbanlage her dem Menschen sehr nah und zu einer engen Zusammenarbeit mit diesem prädestiniert. Schäferhunde und deren Mischlinge sind in der Regel aktiv, sprich alles andere als eine Couch Potato. Sie brauchen viel Bewegung und mentale Auslastung. Dank ihrer Fähigkeit, eng mit Menschen zusammenzuarbeiten, also ihrer Führigkeit, lassen sich ihre Bewegungsfreude und ihr Arbeitswille gut in unterschiedliche Aktivitäten umwandeln.

Der Rattler- bzw. Terriertyp ist auch kein Stubenhocker. Terrier sind wachsam und sie raufen und kämpfen für ihr Leben gerne. Selbstbewusst, klein, rau, herzlich – und enthemmt. Stellt sich ihnen jemand in den Weg, regeln sie diese Herausforderung jetzt und gleich und zwar ohne Rücksicht auf Verluste. Sie sind Draufgänger und Dickköpfe, sie sind verspielt und so richtig scharf aufs Leben. Für feinfühlige Menschen und Zauderer sind sie ebenso wenig geeignet wie für Tagträumer oder Menschen, die es lieber leise und geruhsam lieben. Darauf selektiert, auch große Herausforderungen selbstständig – und das heißt ohne Rückversicherung beim Halter! – anzugehen und in ihrem Sinne zu lösen, sind sie eher ein Hund für handlungsfähige und sich schnell entscheidende Menschen, für die eine echte Herausforderung erst das Salz in der Suppe bedeutet. Hunde mit Terriereinschlag sind in der Regel verspielter, aber auch rauflustiger als andere.

Die Nordischen Hunde, also die Huskys, Malamutes, Samojeden und Laikas, sind Bewegungsfanatiker. Laufen, rennen, jagen und streunen (eine Ausnahme bildet der Spitz) ist ihr Lebensinhalt. Sie sind sehr eigenständig, das heißt, sie entscheiden gerne selbst und könnten auch gut ohne menschliche Gesellschaft leben. Ihre Jagdleidenschaft, gekoppelt mit ihrer hohen Selbstständigkeit, sollte man nicht unterschätzen. Demgegenüber verhalten sie sich meist „cool" und gelassen anderen Hunden gegenüber. Sie eignen sich für unternehmungslustige Menschen, die sich gerne in der Natur aufhalten. Ein Partylöwe und ein nordischer Hund – das ist in aller Regel keine gute Passung. Auch Menschen, die von ihren Hunden ständig Aufmerksamkeit im Sinne von „Was kann ich für dich tun?" erwarten, sind mit einem nordischen Hund schlecht beraten. Er zeigt seine nicht minder innige Zuneigung sporadisch und beiläufig und dann, wenn es ihm passt.

Ach ja, die nordischen Hunde – da war doch mal ein Akita Inu, der über so viele Jahre hinweg Tag und Nacht am Bahnhof auf Richard Gere gewartet hat. Auf Richard Gere würden wir auch vierzehn Jahre lang warten! Und der Film war rührend und herzzerreißend, kein Zweifel. Auch Tränen sind geflossen – wie sollte es anders sein. Nur hat diese Geschichte, besser gesagt Richard Gere, zu einem Akitaboom geführt. So einen Hund wollen wir haben, genau so einen! So treu, so lieb, so unkompliziert. Dumm nur, dass Akitas nicht nur auf Bahnhöfen herumsitzen und still vor sich hin warten, sondern Hunde sind, für die man viel Fingerspitzengefühl braucht und die oftmals nicht problemlos in unsere Welt zu integrieren sind. Denn Akitas handeln autonom – autonom handelnde Hunde sind vielleicht im Norden Finnlands gut aufgehoben, im Zentrum einer Großstadt eher nicht. So rührend die Geschichte ist – passt so ein Hund in unser Leben?

Hunde vom Lagerhund-Typus sind geborene Wach- und Schutzhunde. Zu ihnen gehören einerseits die Molosser, also die doggenartigen Hunde, andererseits die Bauern- und Hirtenhunde wie die Herdenschutzhunde, die Bernersennenhunde, die Rottweiler und die Bernhardiner. Sie lieben die Ruhe, ihr eigenes „Rudel" und sonst nicht viel. Sie entwickeln sich erst spät, sind sehr selbstbewusst und handeln gerne eigenständig und selbstsicher. Ihre gelassene Ruhe innerhalb ihrer Menschengruppe ist die angenehme Kehrseite ihrer hohen Verteidigungsbereitschaft.

Für unsichere und ängstliche Menschen eignen sie sich insofern gerade nicht, als sie diese sofort beschützen möchten. Auch ihre Größe und Kraft ist etwas, das man im Vorfeld bedenken sollte.

Hunde vom Windhund-Typ sind praktisch ohne Ausnahme ernsthaft jagende Hunde. Als Bewohner weiter Steppen sind sie Sichtjäger und können selbst kleinste Bewegungen ohne zusätzliche Geruchsinformation über große Entfernungen hinweg wahrnehmen. Innerhalb des Hauses oder der Wohnung sind sie ausgesprochen ruhig, ja geradezu unauffällig. Kaum sind sie vor der Tür, zeigen sie sich im gleichen Maß temperamentvoll wie sie sich zuvor desinteressiert und ausgeglichen gezeigt haben. Sie wachen nicht, sie bellen kaum und sie sind sehr selbstbewusst. Das muss man einerseits wissen und andererseits schätzen, wenn man sich für einen Windhund oder einen Hund mit Windhundeinschlag entscheidet. Einem solchen Hund das Jagen zwar nicht abzugewöhnen, aber ihn dennoch für den Halter kontrollierbar zu machen, ist kein leichtes Unterfangen – noch gelingt es sonderlich häufig. Viele Windhunde fristen daher bedauerlicherweise und ganz entgegen ihren eigentlichen Bedürfnissen ein Leben an der Leine.

Die Laufhunde schließlich – dazu gehören Rassen wie der Beagle, die Bracken, Jagd- und Schweißhunde – zeichnen sich durch ihr freundliches Wesen und ihre Bereitschaft, sich einer Gruppe anzuschließen, aus. Sie sind grundsätzlich sehr umgänglich. Wie ihr Name schon nahelegt, laufen sie gerne und ausdauernd. Packung Erdnussflips, Flasche Bier und Fernseher – das ist nicht ihre Welt. Sie wollen und müssen laufen, bei Regen, bei Schnee, bei Sonnenschein, immer.

Verliebt man sich also in erster Linie in das äußere Erscheinungsbild eines Hundes, wird man aller Wahrscheinlichkeit mit ein paar unliebsamen Überraschungen klarkommen müssen. Der Bewegungsmuffel mit dem Allwetterlaufhund; der ängstliche Mensch mit dem ihn verteidigenden Rottweiler; der geruhsame Mensch, der seine geregelten und nicht allzu ausgedehnten Spaziergänge im wildreichen Wald genießen möchte mit einem Saluki; der Kuscheltyp, der ganz in seinem Hund aufgeht, mit einem Husky; und die Couch Potato mit einem Border Collie.

Es wäre viel einfacher für beide Seiten, wenn wir uns nach dem Wesen des Hundes bzw. nach seinen Veranlagungen richten würden. Läuft er gern? Ist er gerne eng mit Menschen zusammen? Ist er ein passionierter Jäger? Ist er unerschrocken und enthemmt? Nicht nur die Frage, ob ich das leisten kann, steht im Raum. Eine ungleich wichtigere Frage, nämlich die, ob ich das überhaupt leisten *will*, sollte sich jeder vor der Anschaffung eines Hundes ehrlich beantworten. Denn wenn ich es nicht will, dann ereilt den Hund dasselbe Schicksal wie den Crosstrainer, dessen Anforderungen zum Zeitpunkt der Anschaffung (zwanzig Minuten täglich, kein Problem) ganz und gar im Bereich des Machbaren erschienen. Mit dem kleinen Unterschied, dass ein Crosstrainer weder bellt noch Autos hinterherjagt oder Nachbarn anspringt, dass er weder seine Kollegen auf der Straße anpöbelt noch sonst, außer ein klein wenig Platz, irgendwelche Ansprüche stellt.

Ein Hund stellt Ansprüche. Der eine mehr, der andere weniger. Es ist ein Lebewesen, das wir uns ins Haus holen und für das wir verantwortlich sind. Aber auch uns selbst, unserer Familie und unserer näheren Umgebung sind wir die Beantwortung der Frage schuldig: Passen wir überhaupt zusammen?

BANDIT & SPENCER ZIEHEN UM

Endlich ist es so weit: Merle und Holger B. holen Bandit ab. Vertrag, Bezahlung, Papiere und gute Ratschläge, das alles ist irgendwann erledigt und Merle kann ihren Bandit endlich mit nach Hause nehmen. Sie strahlt über das ganze Gesicht, ja sogar ihr Körper strahlt, so glücklich ist sie. Bandit zankt sich gerade mit seiner Schwester um ein Stöckchen und scheint noch nicht zu ahnen, dass sein Umzug unmittelbar bevorsteht, doch dann läuft er blitzschnell zu Merles ausgestreckter Hand mit den Leckerlis. Es schmeckt ihm, bemerkt Merle zufrieden und streicht ihm über das bunte Fell. Wie schön er ist! So seidig und geschmeidig und dann dieser Fleck über dem einen Auge!

Autofahren hat die Züchterin den Hunden bereits beigebracht und Bandit ist nicht im Geringsten beeindruckt. Während der Fahrt klettert er auf Merle herum, knabbert an ihren Fingern, leckt ihr über das Gesicht und schnappt in die langen Haare. Merle lacht. Der ist aber lebhaft! Holger zuckt unschlüssig mit den Schultern und wechselt auf die Überholspur. Gleich sind sie zu Hause, dann wird sich der Hund sicher beruhigen.

Kaum angekommen, stürmt Bandit ins Haus. Hallo, hier bin ich, Bandit. Er sieht sich die Küche an, wo ihm Merle eilig eine Schüssel Wasser hinstellt. Futter gibt es später um 18 Uhr. Bandit schaut zu ihr hoch. Sie streichelt ihm über den Kopf und erklärt ihm, dass sein Napf erst später gefüllt werden wird. Er könne noch gar keinen Hunger haben, es sei doch noch viel zu früh. Falls sie erwartet haben sollte, dass Bandit jetzt verständnisvoll nickt, sieht sie sich getäuscht. Bandit kratzt mit den Pfoten noch kurz an ihrer Hose, überlegt es sich dann anders und rennt in den Garten.

Merle schaut ihm nach und lächelt. Eine richtige kleine Persönlichkeit!

Spencer zieht ebenfalls um. Er sitzt gerade an seinen Bruder gelehnt auf der Treppe und lässt sich die Sonne auf den Pelz brennen, als seine neue Familie vollzählig vorfährt. Als sein Bruder plötzlich aufspringt und den Besuchern entgegenläuft, wäre er fast umgefallen.

Die Kinder zanken sich darüber, wer ihn während der Rückfahrt halten darf, aber Petra A. nimmt ihnen die Entscheidung ab und setzt sich den kleinen Kerl auf den Schoß. Er schaut sie erst groß an und rollt sich kurz danach zusammen.

Zu Hause darf Spencer sich erst einmal in aller Ruhe umsehen, das war mit den Kindern vorher bereits vereinbart gewesen. Dann endlich dürfen die Kinder mit ihm spielen und zeigen ihm alles, was sie für ihn gehortet haben. Spencer bekommt den halben Keks von Julian und Jennifer versucht, ihn mit dem Knoten zum Spielen zu animieren. Das klappt auch, Spencer beißt hinein und schüttelt ihn. Dennis wirft seinen Ball, dem Spencer verdutzt hinterherschaut. Dennis muss lachen. Die Kinder spielen mit dem neuen Hund und jeder darf ihn auch mal so richtig knuddeln und auf dem Schoß halten.

Der ist toll, darin sind sich am Abend alle Kinder einig und haben schon ganz vergessen, dass sie doch den mit dem Knickohr haben wollten.

Merle hat vier Wochen Urlaub genommen, damit Bandit sich in Ruhe bei ihnen eingewöhnen kann. Für diese Zeit hat sie sich viel vorgenommen: Er soll stubenrein werden, er soll fünf Stunden alleine bleiben können, und Sitz, Platz, Fuß will sie ihm auch schon beibringen. Bandit ist jetzt in einer sensiblen Phase mit dem sogenannten „offenen Fenster" – diese kurze Zeit, während der der Hund besonders gut und schnell lernt, möchte sie so gut es geht nutzen. An drei Tagen in der Woche ist sie mit ihm in unterschiedlichen Welpengruppen angemeldet. Bandit soll eine gute Sozialisation erfahren und natürlich mit anderen Hunden seines Alters toben können. Merle möchte einen gut erzogenen und gut sozialisierten Hund, den sie überall hin mitnehmen kann und mit dem sie überall nur angenehm auffällt. Nach der Junghundgruppe will sie mit Agility anfangen, um Bandit seinen Anlagen entsprechend auszulasten. Und Trickdogging möchte sie auch machen. Denn Hütehunde müssen nicht nur körperlich, sondern vor allem auch mental ausgelastet werden, um glücklich zu sein – so jedenfalls steht es in allen Büchern.

Merle schaut auf die Uhr. Kurz vor sechs, Zeit für Bandits Abendessen. Nachdem Bandit bereits am zweiten Tag das Trockenfutter links liegengelassen hat, kocht Merle für ihn. Das schmeckt ihm schon besser, aber am liebsten mag er es, wenn sie noch eines der weichen Leckerlis für Welpen in das Futter bröselt. Dann schmeckt es ihm, dann frisst er.

Nach dem Fressen soll Bandit eine halbe Stunde lang ruhen, damit er keine Magendrehung bekommt. Danach ist die letzte Spazierrunde des Tages angesagt. Zehn Minuten, mehr nicht. Wegen der Gelenke.

Statt zu ruhen, kommt Bandit mit einem Tau im Maul auf Merle zugerannt und will spielen. Sie seufzt, muss aber lächeln. Na dann komm, sagt sie, und zerrt mit Bandit um die Wette.

Bei Spencer ist es tagsüber recht ruhig, nur Julian, der Kleinste, und Petra A. sind zu Hause. Petra widmet sich dann und wann dem Welpen und spielt mit ihm, aber meist muss sie sich um den Haushalt, um Julian und um die Firma ihres Mannes kümmern, deren Telefonate bei ihr auflaufen. Zwischendurch hat sie Spencer Sitz beigebracht, zu viel mehr hatte sie nicht die Zeit. Einmal am Tag machen sie eine kleine Runde um den Block und schauen auch bei Freunden und deren Hunden vorbei. Spencer tollt dann mit den Hunden herum oder aber er versteckt sich zwischen Petras Beinen, je nach Sympathie. Zu Hause schläft er oder er durchstreift den großen Garten, der immer wieder neue Überraschungen bereithält. Ein hoch geschreckter Vogel, ein aufgewirbeltes Blatt, ein vorbeifahrendes Fahrrad. Die Katze von nebenan, der Postbote am Tor, die Nachbarin, die jeden Tag vorbeischaut. Die Kinder und ihre vielen Freunde.

Das Loch, das er in Windeseile im Blumenbeet gebuddelt hat. Die kühle Kuhle hinter dem Apfelbaum, in der er sich gerne versteckt. Außerdem riecht es im Garten gut. Spencer hält sich gerne darin auf. Noch lieber allerdings liegt er unter Petras Schreibtisch und legt den Kopf auf ihren Fuß. Dort träumt es sich am allerbesten.

Petra A. macht sich keine Gedanken, ob der kleine Kerl ihr gegenüber gerade „Dominanzverhalten“ an den Tag legt oder nicht. Spencer macht sich ebenfalls keine Gedanken, sondern döst vor sich hin. So lässt es sich leben.

Spencer geht nicht in die Welpenschule. Thorsten A. meint, das sei Firlefanz, das brauche man nicht.

Hat er recht?

DIE WELPENSCHULE – EIN MUSS FÜR HUND UND HALTER?

Es ist noch gar nicht lange her, da ging kein Welpe der Welt in eine Welpenschule. Er blieb ganz einfach zu Hause und wuchs nach und nach zu einem Hund heran. Seine Menschen gingen mit ihm spazieren oder auch nicht und ließen ihn die Welt entdecken. Es gab verbotene Dinge, beispielsweise Schuhe anknabbern, Besucher anspringen oder die Wurst vom Tisch klauen. Und es gab erlaubte Dinge, also alles, was nicht verboten war.

Vor gut zwanzig Jahren hat sich das grundlegend geändert. Heute geht fast jeder Welpe in eine Welpenschule. Die Idee der Welpenerziehung in einer Gruppe hatten Dina Berlowitz und Heinz Weidt ins Leben gerufen, nachdem der wunderbare Eberhard Trumler mit seinen Büchern den Weg dorthin bereitet hatte. Trumler war es auch, der sich Gedanken um die richtige Passung zwischen Mensch und Hund machte und der die ersten „Welpentests" entwickelte. Ihrer aller Ziel war nicht in erster Linie ein Hund, der willig Kommandos befolgt, sondern ein Hund, der mit sich und seiner Umwelt insgesamt gut klarkommt.

Es ging also um das Wesen, um die Persönlichkeit des Hundes und das neue Zauberwort hieß: Sozialisation.

Seither erziehen wir unsere Hunde nicht mehr, wir sozialisieren sie. Aber was heißt das? Sozialisation bedeutet Vergesellschaftung, also die Möglichkeit eines Einzelnen, sich in eine Gruppe bzw. in unterschiedliche Gruppen einzubringen und auch mit möglichen Interessenskonflikten innerhalb dieser Gruppe bzw. Gruppen auf den Anforderungen entsprechende Art und Weise klarzukommen. Eigene Interessen müssen mit denen anderer abgeglichen werden, damit am Ende eine für alle akzeptable Lösung gefunden werden kann. Kurz gesagt: Es ist der Weg vom Ich zum Wir.

Es ging also seinerzeit erstmalig nicht um das Erlernen und Befolgen von Kommandos, sondern um das Erlernen eines harmonischen Miteinanders. Dieser Unterschied ist allerdings ein gewaltiger: Das eine ist das Erlernen formaler Erziehungsinhalte wie Sitz, Platz und Fuß – das andere ist das harmonische Zusammenleben in einer Gruppe oder, modern ausgedrückt, innerhalb unserer Gesellschaft.

Das hört sich alles reichlich abstrakt an und könnte bei Ihnen zu Hause folgendermaßen aussehen: Sie haben Ihrem kleinen süßen Welpen beigebracht, was „Sitz“ bedeutet, und sind stolz darauf, wie schnell er es gelernt hat. Das Leckerli wandert von seiner Nasenspitze über den Rücken in Richtung Rute – und schwups, da sitzt der kleine Kerl auch schon. Sie üben fleißig weiter, in der Küche, im Hausflur, im Park. Doch dann kommt der Tag, an dem Ihr süßer Hund sich nicht setzt. Er ist abgelenkt. Oder er hat keine Lust. Oder er ist satt. Oder er hat etwas entdeckt, das er sehr, sehr spannend findet: die große, weite, bunte Welt unmittelbar vor seiner Haustür.

Was ist schief gelaufen? War die Belohnung nicht interessant genug? Sollten Sie in Zukunft nur noch Leberwurst kaufen?

Zweifel kommen auf: Mag er Sie nicht mehr?

Gehen wir einen Schritt zurück und fragen uns, was Erziehung überhaupt bedeutet. Welche Ziele haben wir, wenn wir einen Hund erziehen? Ist ein Hund, der Sitz-Platz-Fuß kann, automatisch auch gut erzogen? Nein? Warum das denn nicht?! Weil er so viel mehr können muss, um sich in dieser – unserer! – Welt zurechtzufinden. Vielleicht lebt er in einer kleinen Wohnung, vielleicht gibt es dort einen Lift, vielleicht ist der Lift oft sehr voll, vielleicht muss er also lernen, in der Enge des Lifts und der Nähe fremder Menschen die Nerven zu behalten und die Situation ganz einfach so lange zu ertragen, bis die Fahrt beendet ist. Vielleicht lebt er in einer Familie mit kleinen Kindern und muss lernen, ihnen weder das Eis aus der Hand zu stehlen noch ihnen übers Gesicht zu schlecken. Auch dass er nicht nach ihnen schnappen darf, wenn sie ihn nerven, will gelernt sein.

Vielleicht lebt er in einem Mietshaus und muss lernen, nicht ständig zu kläffen, nur weil jemand dicht an der eigenen Wohnungstür vorbeiläuft oder etwas in den Briefkasten wirft. Und wenn dieser Jemand auch noch einen Hund besitzt, den unser Hund so gar nicht leiden kann, darf er dazu keinen Kommentar abgeben. Zumindest keinen, den andere hören könnten.

Jogger darf er nicht jagen und schon gar nicht verbellen, das Gleiche gilt für Fahrradfahrer.

Vielleicht muss er das Schwerste lernen, was ein Hund überhaupt lernen kann: alleine zu bleiben, häufig sogar sehr, sehr lange alleine zu bleiben und einfach nur auf den Moment zu warten, bis die Tür sich wieder öffnet und die Einsamkeit ein Ende hat.

Aber damit ist es mit dem Lernen nicht zu Ende. Spring nicht andere Leute an, fremde schon gar nicht. Renne keinem Kaninchen hinterher. Komm, wenn ich dich rufe. Spielen, das darfst du, aber nicht so grob. Wenn du ein Rüde bist, vertrage dich mit anderen deines Geschlechts. Mobbe keine Hunde, nur weil sie viel kleiner sind als du. Verteidige nicht dein Futter. Lauf mir nicht weg, sondern behalte mich im Auge. Sei lebhaft und lustig, wenn ich einen Stock für dich werfe, aber leg dich ganz ruhig unter den Tisch und beiße dem Kellner nicht in die Hosenbeine, wenn wir nach dem Spazierengehen noch eine Tasse Kaffee trinken gehen.

Das ist schon eine ganze Menge und lange noch nicht alles. Deutlich wird dabei, dass Erziehung mit dem Ziel der Eingliederung in die Gesellschaft und jeweilige Umwelt rund um die Uhr stattfindet und mit einer Übung wenig gemein hat. Erziehung findet eben nicht 2-Mal die Woche auf einem eingezäunten Platz und unter Anleitung eines Trainers statt. Das Leben, der Alltag lassen sich nicht auf wenige Stunden begrenzen. Ebenso wenig lassen sich die Fähigkeiten, die für dieses Leben und diesen Alltag notwendig sind, in wenigen Stunden, abgeschieden von der wirklichen Welt mit all ihren Konflikten, Herausforderungen und Widrigkeiten, zuverlässig erlernen.

Die Verhaltensweisen, die wir von einem gut sozialisierten Hund verlangen, setzen weit mehr voraus, als sich – mit oder ohne Leckerli – auf Kommando zu setzen oder hinzulegen. Sie setzen voraus, gelernt zu haben, wo das eigene Ich, die eigenen Wünsche und Begehrlichkeiten aufhören und die eines anderen bzw. die der Umwelt beginnen. Sie setzen voraus, gelernt zu haben, nicht immer alles zu bekommen und dann und wann zurückzustecken. Sie setzen also eine Einschränkung der eigenen Möglichkeiten voraus – eine Einschränkung, die vom Hund nicht nur verstanden, sondern auch akzeptiert werden muss.

Diesen Erziehungsprozess anzustoßen und zu begleiten – das hatten sich die ersten Welpengruppen zur Aufgabe gemacht. Genau wie zuvor bei Kindern eine Abkehr von formalen Lerninhalten (sich regelkonform benehmen und gute Zensuren mit nach Hause bringen) hin zu einer Art Persönlichkeitsfindung und Persönlichkeitsschulung mit dem Ziel einer nicht nur fachlichen, sondern primär seelischen Reife angestrebt wurde, wendete sich das Blatt auch in der Hundeerziehung. Sozialisation war angesagt – ergo wurde die Welpengruppe zum Muss.

Wenn heute ein frischgebackener Hundebesitzer keine Welpengruppe besucht, wird er schief angesehen. Wie soll das gut gehen? Ja mehr noch, der stillschweigende Vorwurf lautet: Wie in aller Welt *kann* das überhaupt gut gehen?

Was aber versprechen sich Menschen von Welpengruppen? Häufig möchten sie unter professioneller Anleitung den Sozialisierungsauftrag erledigen und abhaken. Verlässt man sich aber auf eine professionelle Anleitung (die leider nicht immer sonderlich professionell ist), gibt man die Verantwortung für das angestrebte große Ziel „Sozialisierung“ ab oder trägt sie zumindest nicht ganz alleine. Machen Sie mal, Sie sind schließlich der Profi – ich habe keinen blassen Dunst von Erziehung. Eine bereits vom Ansatz her problematische Einstellung.

Das Wort „Sozialisierung“ als solches suggeriert etwas Gutes, beinhaltet also eine Wertung. Dabei wird damit lediglich die Eingliederung in eine bestimmte Gesellschaft oder auch in ein bestimmtes Milieu bezeichnet. Sie wird in den Slums von Kalkutta anders aussehen als im Villenvorort von Los Angeles. Auf der Reeperbahn anders als in München Bogenhausen. Auf dem Bahnhof Zoo anders als in Bullerbü oder auf Saltkrokan.

Sozialisation und Erziehung werden häufig gleichgesetzt. Umso zwingender erscheint der Besuch einer Welpengruppe. Besuchen wir eine Welpenschule, wird der Hund gut. Besuchen wir gleich dreimal die Woche, wie Merle und Bandit es tun, eine Welpenschule, wird der Hund sehr gut. Dahinter steckt die unausgesprochene Annahme: je mehr „Sozialisierung“, umso „besser“ und umso lieber wird der Hund später sein.

Dass eine Welpengruppe – häufig auch als Welpenspielgruppe bezeichnet – zwangsläufig einen lieben Hund hervorbringt, ist ein allgegenwärtiger Irrglaube. Dass es dazu vor allem des eigenen Einbringens bedarf, ist häufig in den Köpfen der frisch verliebten Welpenbesitzer gar nicht mehr präsent. Im Gegenteil, die Auffassung, miteinander spielende Hunde bewerkstelligten die Sozialisierung sozusagen aus sich selbst heraus und ohne das aktive Eingreifen des Menschen, lässt sich knapp zusammenfassen in der Annahme: Das ist Natur. Und die Natur, die regelt sich selbst, nicht wahr? Hund und Natur sind ein und dasselbe, beides sind Selbstläufer, da braucht man sich nicht weiter drum zu kümmern. Dabei sollte es in einer Welpengruppe ganz wesentlich darum gehen, den Hundehalter in die Verantwortung für seinen Hund zu bekommen. Er muss vieles lernen: Seinen Hund körpersprachlich zu „lesen“, seinen Hund zu motivieren, ihm Dinge verständlich zu machen (und das heißt oft: nicht reden, sondern handeln), ihn zu loben, und schlussendlich muss er lernen, unerwünschtes Verhalten seines Hundes unmissverständlich abzubrechen. Da regelt sich nichts von alleine, das ist für viele ein vollkommen neues Terrain und gar nicht so einfach.

Was also passiert eigentlich in Welpengruppen, in Welpenspielgruppen oder in sogenannten Welpenprägegruppen? Das ist sehr unterschiedlich und von vielem abhängig. Zum einen von der fachlichen Kompetenz des oder der Trainer, zum anderen davon, welchen pädagogischen Ansatz die betreffende Hundeschule vertritt.

In manchen Welpengruppen spielen und toben die Hunde in eigener Regie, während die Hundehalter den Trainer mit Fragen löchern. Fragen, die zwar allen auf der Seele brennen, deren Inhalte aber so breit gefächert sind, dass die Beantwortung auch angesichts der nicht geringen Zahl der anwesenden Welpen und Menschen gar nicht anders ausfallen kann als „Tipp". Kleine Ratschläge am Rande, da machen Sie dieses, da machen Sie jenes, da würde ich so reagieren. Ist nun rohes Fleisch die bessere Ernährung für einen kleinen Welpen als industriell hergestelltes Futter? Obwohl dies häufig der Fall ist, kann die Frage mal eben so aus der Hüfte geschossen nicht beantwortet werden, da sie den zeitlichen Rahmen sprengt. Andere Themen wiederum, die durchaus nicht nur als „Tipp", sondern als Thema angesprochen werden sollten, tauchen gar nicht erst auf. Wie sieht ein ängstlicher Hund aus? Und wie ein unsicherer? Kann man Hunde auch anders als mit quietschend hoher Stimme motivieren und welche Bedeutung hat die eigene Körpersprache in der Kommunikation mit dem Welpen? Wie ist das mit der eigenen Stimmung – überträgt sich die? Kann ich meinen kleinen Hund mal so richtig hochdrehen und im nächsten Augenblick nur durch meine eigene Körpersprache, also durch die Art und Weise, wie ich meine Anwesenheit ausdrücke, wieder in eine ruhige Stimmung bringen? Wie macht man das? Diese Dinge können nicht nur angerissen werden, sie müssen erklärt, vorgeführt und vor allen Dingen von den frisch gebackenen Hundehaltern selbst geübt werden. Verstehen ist das eine, danach handeln dagegen ist eine vollkommen andere Sache. Beim Umsetzen von Verhaltensanweisungen geht es eben um das Umsetzen, das Verstehen ist hierfür lediglich die notwendige Voraussetzung und gibt noch lange keine Garantie auf Erfolg.

Bandit und Merle sind mit ihren wöchentlich drei Welpengruppen gut ausgelastet. Merle hat eine randvoll mit Leckerlis gefüllte Bauchtasche umgeschnallt, Bandit zerrt an der Leine. Bereits nach dem zweiten Mal kannte er den Hundeplatz und will nun möglichst schnell zu den anderen Hunden. Als Merle noch einmal zum Auto zurückkehren und ihre Jacke holen möchte, stemmt Bandit vier kleine Füße fest in die Erde und sagt so deutlich: Nein, du gehst nicht. Merle zögert. Bandit besteht auf seinem Nein. Soll sie ihn jetzt hinter sich herziehen? Oder vielleicht mit einem Leckerli zurück zum Auto locken? Merle kramt ein Leckerli hervor und hält es Bandit vor die Nase. Bandit würdigt das Leckerli keines Blickes und beharrt auf seinem Nein. Ach, denkt Merle, dann eben nicht und geht wieder in Richtung Hundeplatz. Ist nicht so wichtig, die Jacke, sicher scheint gleich wieder die Sonne. Jetzt sagt Bandit Ja und zerrt erneut in Richtung Welpenwiese. Merle lächelt. Der kleine Streber will unbedingt zur Schule gehen. Ihm gefällt es richtig gut hier. Und das ist schließlich die Hauptsache.

Wie erreicht man nun aber innerhalb einer Welpenspielgruppe das hohe Ziel der „Sozialisierung"? Und ist eine Welpengruppe zwingend erforderlich, um dieses Ziel zu erreichen? Sicher ist es ein Vorteil für einen kleinen Hund, sagen wir einen Sheltie, der selbst über eine recht lange, schmale Nase verfügt, auch mal einen Mops kennen und möglicherweise lieben zu lernen, der nun in der Regel einerseits so gut wie gar keine Nase besitzt, dafür aber für alle hörbar laut atmet. Oder aber unser Sheltie begegnet einem kleinen Shar Pei, der so viele Falten im Gesicht trägt, dass seine Mimik, also eine wesentliche Möglichkeit sich auszudrücken, ebenso wie die des Mopses stark eingeschränkt ist. Mit dieser Andersartigkeit müssen Hunde in Ballungsgebieten heute klarkommen und eine Welpengruppe kann hier gute Dienste leisten. Andererseits könnte ein Welpe das Lernziel auch erreichen, indem er einem erwachsenen Mops oder einem erwachsenen Shar Pei im Park oder im Auslaufgebiet unangeleint begegnet.

Die Idee der Welpengruppe, in der sich alle freundlich begegnen und in der Folge auch später im Leben immer alle freundlich und nett zueinander sind, eben weil sie sich „kennen", ist unserer recht verzerrten Vorstellung einer immerwährenden harmonischen Grundstimmung des Lebens zuzuschreiben. Die glückliche Familie in der Werbung, in der weder schlechte Zeugnisse noch andere unliebsame Dinge vorkommen. Die Erwartungshaltung ist die, dass, wenn immer alle lieb und nett zueinander sind, es nicht den geringsten Anlass für Konflikte zwischen den Hunden geben *kann* – schon gar nicht solche, in denen sich Hunde gegeneinander aggressiv verhalten. Lieb, nett, harmonisch und verschmust auf der einen Seite, aggressiv, enthemmt und böse auf der anderen – so ist die Wahrnehmung. Dass es sich hier jedoch, sofern in angemessener Weise gezeigt, um zwei eng miteinander verwobene und durchaus einander bedingende Verhaltensmuster handelt, will keiner wahrhaben. Mehr dazu an anderer Stelle (siehe S. 140).

Es gibt Hunde, für die der Besuch einer Welpengruppe auch kontraproduktiv sein kann. Dazu gehören Welpen jener Rassen, die sich schnell in eine Situation hineinsteigern, die gerne kämpfen und während des Spiels jede Gelegenheit wahrnehmen, das Spiel in Richtung Kampfspiel umzulenken. Diese Welpen müssten vom anwesenden Trainer konsequent daran gehindert werden, sich immer nur in eine Richtung und insgesamt zu heftig zu verhalten. Hier wäre möglicherweise die Ansage eines souveränen, erwachsenen Hundes sehr viel aussagekräftiger für den kleinen Welpen und er könnte schneller und nachhaltiger ein angemessenes Sozialverhalten lernen als inmitten einer Gruppe Gleichaltriger, die ihm in dieser Hinsicht unterlegen sind. Ängstliche Hunde wiederum sind ein Beispiel dafür, welch positive Auswirkungen eine Welpengruppe haben kann. Hier kann sich der kleine Welpe – vorausgesetzt, die Gruppe wird kompetent geführt – spielerisch an die ihn ängstigenden Situationen herantasten und lernen, diese als nicht bedrohlich einzustufen und in der Folge zu meistern.

Eine Welpengruppe ist also kein Muss – so wie es heute allerorts propagiert wird. Zumindest nicht für den Welpen und dessen erfolgreiche Vergesellschaftung. Wenn dem so wäre, müsste man erst einmal erklären, weshalb vor gut zwanzig Jahren nicht ausschließlich miserabel sozialisierte Hunde die Straßen unsicher machten. Die Hunde früher waren nicht schlechter sozialisiert – möglicherweise sogar um einiges besser. Dass dem so ist, ist allerdings weder das Verdienst noch die Schuld von Welpengruppen, sondern im gesamtgesellschaftlichen Umfeld zu suchen.

Ein Muss ist eine Welpengruppe dagegen eher für den Halter eines jungen Hundes. Häufig sind viele Dinge unklar und noch häufiger sind die Erwartungen an den kleinen Welpen unrealistisch hoch. Viele glauben, ein Hund käme mit „Sitz-Platz-Fuß" eingescannt auf die Welt und wundern sich, wenn ihr Hund mit 10 Wochen so manches noch nicht hundertprozentig perfekt kann. Beispielsweise bemerkt ein Welpenbesitzer leicht irritiert: „Er sagt nie Bescheid, wenn er mal muss!" Hier kann ein Trainer erklären, dass ein Hund nicht mit der Fähigkeit auf die Welt kommt, Bescheid zu sagen, wenn er mal muss, zumal ihn das Mal-Müssen nicht so sehr bedrückt, dass er es gleich an die große Glocke hängen müsste. Das Bescheidsagen ist weder im genetischen Programm abgespeichert, noch ist es gottgegeben, das muss man dem Hund erst beibringen. Und das wiederum ist nicht so sehr Aufgabe des Hundes, sondern vielmehr des Halters. *Er* muss sich überlegen, wie er das dem Hund so vermitteln kann, dass dieser ihn versteht und seiner Aufforderung, sich zu melden, nachkommen möchte.

WAS SOLLTE IN EINER WELPENGRUPPE VERMITTELT WERDEN?

Trotz der umfangreichen Literatur, die fast jeder Welpenbesitzer gewissenhaft gelesen hat, geht es in einer Welpengruppe doch immer wieder darum zu erklären, was ein Hund eigentlich ist. Nämlich ein Wesen, das sich nicht zwangsläufig genauso benimmt wie ein Mensch. Dazu gehören Dinge wie, dass ein Hund sich auch mal dreckig machen darf, dass er auch mal andere Hunde zwicken oder nach ihnen schnappen darf, dass er auch mal stinken darf. Dass er liebend gerne Dinge frisst, die wir Menschen ziemlich ekelhaft finden. Dass er ein Jäger ist und dass diese Möglichkeit bereits im Welpenalter in ihm schlummert. Dass er nicht immer nur spielt, auch wenn es für uns vielleicht so aussieht. Dass er zwar lieb, süß und hinreißend pelzig ist, aber dennoch ein echter kleiner Opportunist, der auch gerne mal etwas in Frage stellt und nicht jeder unserer Aufforderungen mit Eifer folgt – auch wenn er uns liebt. Dass er durchaus sprechen kann, hierzu allerdings fast ausschließlich seinen Körper benutzt – und sich weder der deutschen oder sonst einer Sprache der Welt bedient. Vor allen Dingen aber: dass er ein Individuum ist. Der kleine Afghane ist anders als der kleine Bolonka ist anders als der kleine Schäferhund ist anders als der kleine Vizla. Auch wenn es verführerisch einfach wäre, kann man sie nicht ohne Rücksicht auf ihre Rasse und ihre jeweiligen Begabungen und Persönlichkeiten in eine Form pressen. Beispielsweise in die Form „lieb“. Habe ich einen Deutsch-Drahthaar-Rüden vom Jäger erstanden, darf ich mich nicht wundern, wenn er in der Welpengruppe recht ruppig und angriffslustig mit seinen Artgenossen spielt – ein Deutsch-Drahthaar-Rüde vom Jäger *muss* so sein! Er verhält sich lediglich seinen Anlagen entsprechend. „Ja, kann man denn da nichts gegen machen, gerade im Welpenalter?“, lautet die entnervte Gegenfrage der Halter. Nein, da kann man nichts gegen machen, da hätte man sich vielleicht besser für einen Welpen einer anderen Rasse entscheiden sollen.

In einer guten Welpengruppe sollte der Trainer sich also mit den unterschiedlichen Rassen mehr als nur oberflächlich auskennen und den Halter auf bestimmte Verhaltensweisen hinweisen und ihm diese erklären. Er sollte ihm nicht nur erklären, wie man mit einem kleinen Hund kommuniziert und ihn zur Kooperation mit dem Menschen motiviert, sondern auch, wie man unerwünschte Verhaltensweisen unterbricht. Hierzu kann beispielsweise ein großes Stück Pansen in den Kreis der Hunde gelegt werden. Dann werden die Besitzer aufgefordert, ihren Hund davon abzuhalten. Wie macht man das? Mit dem zehnmal wiederholten Kommando „Nein"? Oder vielleicht doch, indem man seinem Hund kurz ins Fell greift, ihn also in seinem Vorhaben unterbricht, und ihm dann körpersprachlich anbietet, sich gemeinsam mit seinem Menschen von dem ekligen Fleischbrocken zu entfernen? Wie man so etwas dem Anlass entsprechend, also angemessen, macht, kann ein guter Trainer vermitteln. Denn jetzt ist es (noch!) der zwar eklige, aber doch letztlich unwichtige Pansen – später ist es der Radfahrer, die Straße, die alte Dame mit dem Rollator. Um solche Situationen später zu meistern, muss vor allem der Mensch lernen zu handeln. Da wir uns normalerweise mit unserer Umwelt nicht auf diese Art und Weise austauschen, müssen wir es erst lernen. Lernen heißt in diesem Fall: verstehen und dann handeln.

Wie sieht nun in Bandits Welpengruppe eine Übung mit einer Unterbrechung unerwünschten Verhaltens aus?

In der Montagsgruppe fällt die Übung flach. Dort wird einfach nur getobt, von der Trainerin als „Sozialisierungsspiel" bezeichnet. Die Hundehalter, fast ausschließlich Frauen, stehen dabei herum und unterhalten sich über ihre Hunde, manche verfolgen ihren Hund mit der Videokamera. Bandit versucht, die anderen zum Rennen zu bewegen, und rennt ihnen dann hinterher, gelegentlich zwickt er sie auch mal in die Hacken. Das macht Spaß, wenn sie dann noch schneller von ihm fortrennen! Bandit balgt sich für sein Leben gerne.

Besonders gern schmeißt er sich immer wieder auf den winzig kleinen Kaninchendackel, der zwar laut quiekt, aber die Attacke nicht so recht abwehren kann. Auch als sich der Dackel immer wieder auf den Rücken wirft und bewegungslos liegen bleibt, lässt Bandit nicht von ihm ab, sondern fordert ihn immer wieder recht ruppig zum „Spielen“ auf. Merle findet das unschön, sagt aber nichts. Vielleicht sollte man das einfach ignorieren? Die Dackelbesitzerin blickt besorgt zur Trainerin. Und die sagt: „Hunde machen so was unter sich aus.“ Dann lächelt sie vielsagend. Ja, so ist das.

In der Mittwochsgruppe wird nicht so viel gespielt, da wird schon richtig erzogen. Gleich in der ersten Stunde haben sie Sitz geübt. Bandit hat sofort verstanden: Sitz = Fleischwurst. Die richtig Leckere. Er setzt sich schon bald auf Kommando hin und hat dabei Merles Hand mit der Wurst fest im Blick. Wenn sie ihm nicht sofort die Fleischwurst gibt, legt er seine Pfote auf ihre Hand. Merle schmilzt dahin: Wie charmant ihr Hund doch ist!

Wenn Bandit schon fast die ganze Fleischwurst vertilgt hat, kann es vorkommen, dass er sich nicht mehr setzen will. Ja, sagt der Trainer, der ist jetzt übermüdet, das war zu viel. Da muss man Geduld haben, da kann man jetzt nichts machen.

Zum Thema unerwünschtes Verhalten hat sich der Trainer das Anspringen ausgesucht und erklärt, dass man bei der Begrüßung in die Hocke gehen soll, damit der Welpe einen gar nicht erst anspringt. Falls der Welpe einen doch mal anspringen sollte, soll man sich einfach wegdrehen und den Hund ignorieren. Bei vielen Welpen klappt das ganz gut. Nicht so bei Bandit. Der springt erst an, dann bellt er, dann wird er witzig und fordert Merle mit einer Vorderkörpertiefstellung zum Spiel auf. Als sie sich von ihm wegdreht und ihn ignoriert, springt er sie von hinten an und schnappt in ihren Anorak. Der Trainer sagt aufmunternd: „Der hat echt Pfeffer im Hintern. Da müssen Sie Geduld haben. Irgendwann lässt er es aber, wenn Sie ihn einfach nicht beachten.“

Die Samstagsgruppe wiederum legt viel Wert auf die Gewöhnung an die Umwelt. Zu diesem Zweck gibt es fast alles, was theoretisch in der Umwelt vorkommen könnte: Bällebäder, Wasserbecken, Rastergitter aus Stahl, Treppen, Wippen, breite Balken zum Balancieren, mehrere Tunnel, eine A-Wand, Kies, Sand, groben Schotter, hohes Gras, kleine Hürden. Ein großer Wackelkreis, auf dem die Hunde herumkrabbeln können, eine spiegelglatte Fläche aus Glas, einfach alles. Auch an Geräusche werden die kleinen Hunde gewöhnt: Hupen, Donnergeräusche von der CD, lautes Quietschen einer Autobremse, Gebrüll, sogar ein Staubsauger und ein Rasenmäher sind einsatzbereit. Bandit macht alles perfekt und ohne mit der Wimper zu zucken und zeigt den Geräuschen gegenüber keine Scheu. Merle ist unendlich stolz auf ihren Hund. Die anderen Hunde sind sehr viel vorsichtiger oder legen verunsichert den Rückwärtsgang ein. Nicht so ihr Bandit. Sie hat es gleich gewusst, schon beim allerersten Anblick: der und kein anderer!

Aber zurück auf Anfang: Wie wird in dieser Welpengruppe den Hunden beigebracht, Menschen nicht anzuspringen? Wenn man nach Hause kommt und der Hund will einen anspringen, soll man eine Handvoll Leckerlis von sich selbst weg auf den Boden werfen...

Die Frage ist: Was lernt der Welpe hier? Menschen nicht anzuspringen? Oder dass er im Augenblick des Anspringens immer etwas bekommt? Was spricht eigentlich dagegen, dem Hund einfach zu untersagen, Menschen anzuspringen? Das könnte man machen, indem man den Hund mit einer schnellen Bewegung zurückstupst oder ihm kurz ins Fell zwickt und dies mit einem verbalen „Nein!“ untermauert. Lässt er es sofort bleiben, hat er verstanden. Die Stimmung bei alldem ist gut. Nun müsste man es nur noch an unterschiedlichen Orten wiederholen, damit es auch generalisiert werden kann.

Und was ist mit Spencer? Liegt der derweil zu Hause unter dem Schreibtisch und hat den Kopf auf die Füße seiner Halterin gelegt, während diese telefoniert?

Ja, da lernt er doch nichts! Nun, er macht ja auch noch andere Dinge, als unter dem Schreibtisch zu liegen. Aber auch dort lernt er etwas, sogar etwas besonders Wichtiges: nämlich nichts zu tun. Mal nicht wichtig zu sein. Mal abschalten zu können. Es gibt schon Augenblicke, da würde er lieber mit den anderen Hunden in der Nachbarschaft spielen. Okay, es geht jetzt gerade nicht – *das* lernt er. Nicht fordern, sondern hinnehmen: Es läuft gerade nicht wirklich optimal für mich, aber davon geht die Welt nicht unter.

Wenn Spencer mit Petra in die Stadt zum Einkaufen fährt, gibt es viel zu sehen. Ein Bällebad ist zwar nicht darunter, aber der spiegelglatte Marmorfußboden im Einkaufszentrum ist auch nicht ohne. Die alte Frau mit dem Rollator war ihm erst sehr unheimlich und er wollte auf dem Absatz umdrehen und wieder nach Hause. Petra ist einfach ganz ruhig stehen geblieben und die merkwürdige Frau ist an ihnen vorbeigegangen. War gar nicht so schlimm. Spencer hat ihr noch eine Weile hinterhergeschaut, dann sind sie weitergelaufen. Neulich hat ein Motorrad an der Ampel neben ihnen unglaublich laut geknallt. Da wäre er am liebsten auch sofort wieder nach Hause gerannt. Aber Petra stand einfach nur da und hat nichts gemacht. Was lernt Spencer jetzt? Er lernt: Okay, wenn die das nicht aus der Ruhe bringt, kann es nicht so schlimm sein. Im Aufzug im Warenhaus war es ziemlich eng, das war auch nicht so toll. Aber Petra stand wieder einfach nur da und war ganz ruhig. Sie hat dabei Spencer noch nicht mal angeschaut! Spencer lernt also auch sehr viel. Nicht in der Welpenschule, sondern im wirklichen Leben.

Was ist nun besser, was ist schlechter, die Welpengruppe oder die Wirklichkeit? Weder noch, beides kann toll sein. Doch wenn die Welpengruppe nicht von gut ausgebildeten Trainern begleitet wird, kann man dort auch gut das Falsche lernen. Zum Beispiel andere zu mobben. Oder Aufforderungen ausschließlich immer nur dann nachzukommen, wenn es dafür ein, zwei, drei Leckerlis gibt. Oder zu fiepen, wenn man mal warten muss und ein anderer dran ist. Oder, oder, oder....

Und wie lernt Spencer, andere Menschen nicht anzuspringen? Als er Petra einmal ansprang, hat sie ihn kurz gepackt und recht unsanft wieder auf die Erde gesetzt. Dabei hat sie ihn nicht angeschaut und war kein bisschen sauer. Aber deutlich. Spencer saß einen kurzen Augenblick lang regungslos da, vermutlich hat er nachgedacht. Ach so, wird er sich gedacht haben, das also nicht. Als er zu Petra aufschaute, hat sie ihn gestreichelt. Die Stimmung war gut.

Und es gibt noch etwas, das in einer guten Welpengruppe kein Tabu sein darf: aggressives Verhalten. Heutzutage ist die Stimmung in unserem Alltag, besonders in den Ballungsgebieten, zwar häufig äußerst aggressiv und Kleinigkeiten können binnen weniger Sekunden lautstarke und unglaublich beleidigende Wortkaskaden auslösen – aber bei unseren Hunden ist aggressives Verhalten nicht nur verpönt, es wird schlicht und einfach als inakzeptabel empfunden oder gar gänzlich negiert. Wenn wir Menschen es schon nicht packen – unsere Hunde sollen sich lieben! Sie sollen uns vorleben, wie gut und nett man miteinander umgehen kann. Jede Begrüßung eine freundliche Begrüßung, jeder Konflikt soll „lieb" gelöst werden – und lieb heißt hier: kein Knurren, kein Schnappen, kein Bösesein. Hunde, die besseren Menschen?

„Ist Ihrer auch lieb?", ist eine bei bevorstehenden Hundebegegnungen häufig schon aus der Entfernung gestellte Frage, so als ob ein Hund – oder ein Mensch – entweder „lieb" oder eben „böse" ist. Stellen Sie sich vor, Sie wären irgendwo eingeladen und in dem Augenblick, als Sie die fremde Wohnung betreten wollen, fragt Ihr Gastgeber Sie allen Ernstes: „Sind Sie auch lieb?" Über diese Frage wären Sie sicherlich mehr als nur leicht irritiert.

Tja, was bin ich? Bin ich lieb oder bin ich böse? Schwer zu sagen. Wenn mir einer blöd kommt, kann ich ganz schön deutlich werden. Deutlich werden ist dann vielleicht doch eher „böse". Andererseits, wenn man mir grundsätzlich freundlich und respektvoll gegenübertritt, tendiere ich eindeutig zum Liebsein. Es kommt halt drauf an.

Genau: Es kommt auf den Kontext an. Lieb sein und böse sein sind Verhaltensweisen, die sowohl Menschen als auch Hunde entsprechend der jeweiligen Situation zeigen. Sie passen ihr Verhalten also dieser ganz bestimmten Situation an, jedenfalls sofern sie eine solche Differenzierung gelernt haben. Wie lernt man das? Indem man als junger Hund gelegentlich über die Stränge schlägt. Also knurrt oder auch mal schnappt. Das ist nicht „böse“ – das ist eine von vielen Möglichkeiten, sich zu verhalten.

Konflikte sollte man nicht unter den Teppich kehren, weil sie dort zu stinken beginnen. Irgendwann müffelt die ganze Bude und keiner fühlt sich mehr so recht wohl in seiner Haut. Konflikte muss man also lösen. Das Angehen eines Konflikts kann – und manchmal auch: muss – aggressiv geschehen. Wie aber macht man das? Schlägt man laut polternd mit der Faust auf den Tisch und brüllt mit hochrotem Kopf irgendeinen Blödsinn? Oder hebt man vielleicht da, wo es angebracht ist, durchaus mal die Stimme? Um mich später so differenziert verhalten zu können, muss ich mich als Kind und als Jugendlicher in genau dieser Differenzierung üben. Üben wiederum heißt, unterschiedliche Verhaltensweisen auch im aggressiven Bereich auszuprobieren und sie auf ihre Tauglichkeit hin zu überprüfen. Sich nicht zu prügeln lernt man, indem man sich auch mal prügelt. Indem man rangelt, schubst, drängelt, den Weg verstellt. Wie fühlt sich das an? Wie reagiert mein Gegenüber? Wann kann, wann sollte ich aufhören?

Wenn es also in der Welpengruppe zu einer kleinen Rauferei kommt, muss man diese nicht zwangsläufig unterbrechen, man kann die beiden Hunde sie auch einfach austragen lassen. Wichtig ist hier, die anderen noch anwesenden Welpen herauszuhalten und die beiden Kampfhähne ihren Konflikt austragen zu lassen. Als Trainer bietet sich dann die Gelegenheit, die Köpersprache zu erklären und die unterschiedlichen Signale zu erläutern. Unterwirft sich einer der beiden, hört der andere in der Regel auch auf – und beide haben gelernt, die Signale des jeweilig anderen richtig zu deuten. Der Angriff des einen wird mit der Kampfbereitschaft des anderen beantwortet, die Unterwerfung des anderen wird mit dem Ablassen des einen quittiert. Die beiden haben sich mal kurz unterhalten und sind recht schnell zu einer Übereinkunft gekommen. Lernen sie aber beide nicht, wie man solche Übereinkünfte trifft, sind sie als erwachsene Hunde bei einer auftretenden Beißerei unvorbereitet und hilflos.

Doch nicht jeden Konflikt sollte man kleine Welpen austragen lassen, auch hier ist das wache Auge eines Trainers wichtig. Wenn ein Hund einen anderen immer wieder triezt und immer wieder hetzt und immer wieder kneift und der andere immer wieder keinen Ausweg aus der unangenehmen Situation findet, ist eine Unterbrechung des Verhaltens sinnvoll. Sonst lernen hier beide das Falsche. Der Angreifer lernt, was für ein toller Kerl er ist, besonders wenn er sich für einen Konflikt ihm unterlegene Hunde herauspickt. Und der Unterlegene lernt, dass er keine Chance hat, sich erfolgreich zu wehren. Das ist nicht gemeint, wenn es darum geht, einen aggressiven Konflikt auch mal laufen zu lassen. Es geht lediglich darum, dass man aggressives Verhalten nicht dadurch in angemessene Bahnen lenkt, indem man es niemals zulässt und vermeintlich „im Keim erstickt“. Hier lernt der Hund eben nicht, sich zu zügeln und dieses Verhalten gehemmt zu zeigen. Das kann er nur lernen, wenn er es ausprobieren darf – auch auf die Gefahr hin, dass er dabei mal eins über die Mütze bekommt. Noch einmal: Sich nicht zu prügeln lernt man durch sich prügeln!

Welpengruppen sollten auf das Leben vorbereiten –, genau wie es Kindergärten und später Schulen für unsere Kinder auch tun. Ihre Aufgabe ist es nicht, die niedlichen Welpen in Watte zu packen und ihnen verzückt bei immer nur liebevollen Begegnungen zuzuschauen und sie dabei lückenlos mit der Filmkamera zu verfolgen. *Wir* müssen sie auf das Leben vorbereiten, denn *wir* haben sie zu uns in dieses – unser! – Leben geholt.

Bandit hat schnell begriffen, dass er nicht unbedingt das tun muss, was von ihm verlangt wird. Beispielsweise findet er draußen im Freilauf das Anleinen doof. Danach gehen sie immer nach Hause. Als Merle also in der Welpenschule mit der Leine in der ausgestreckten Hand auf ihn zukommt, ist das für Bandit ein eindeutiges Signal zu gehen. Er widersetzt sich scheinbar spielerisch, lässt Merle dicht an sich herankommen und hopst dann mit einem Satz zur Seite. Ha, wahnsinnig witzig! Und noch einmal. Und dann noch einmal. Immer wieder versucht Merle, ihren kleinen Hund einzufangen. Aber Bandit springt wie ein Superball immer wieder von ihr weg. Er macht das sehr süß, sehr witzig, sehr charmant –, und sehr erfolgreich. Die Trainerin rät, den Hund mit einem Leckerli zu locken. Doch das Leckerli reicht Bandit nicht. Erst als ihm Merle die Hundeleberwurst aus der Tube anbietet, ist er zur Stelle. Merle greift hektisch in sein Halsband und klickt die Leine fest. Puh, geschafft! Sie lächelt matt.

Beim nächsten Mal kommt Bandit tatsächlich, als er die Tube mit der duftenden Wurst riecht. Doch als Merle in sein Halsband greift, dreht er sich blitzschnell um und schnappt in die Luft. Erschrocken zuckt Merle zurück und lässt das Halsband sausen. Ihr Hund schnappt! Sie schaut Hilfe suchend zur Trainerin auf, die prompt mit einem gewaltfreien Tipp aufwartet: „Und wenn er schnappt, das ignorieren Sie einfach konsequent."

Noch etwas zum Thema Leckerlis: Sie schmecken dem Hund, keine Frage. Aber ihr Wohlgeschmack nimmt eindeutig ab, wenn sie immer und bei jeder Gelegenheit zur Verfügung stehen, wenn sie Normalität geworden sind. Einen wohlgenährten Hund mit Leckerlis zu locken und zu glauben, dass er dafür etwas richtig Tolles wie beispielsweise das Spiel mit anderen Hunden oder gar einen davonrennenden Hasen sausen lässt, grenzt schon an Selbstbetrug. Ähnlich verhält es sich mit körperlicher Nähe. Wenn Streicheln zum Automatismus geworden ist und immer abgefordert werden kann, wird es Tag für Tag ein klein wenig wertloser. Wir Menschen sind da auch nicht anders …

Während die Trainerin und Merle sich nach dem Schnappen Bandits im Ignorieren üben und damit vollumfänglich beschäftigt sind, hat Bandit gerade eine ganze Menge gelernt: Herankommen wird er erst, wenn ihm im Austausch dafür eine tolle Belohnung geboten wird. Und wenn ihm etwas nicht passt, dann schnappt er einfach ein bisschen um sich. Und noch etwas hat er gelernt, etwas, das in seinem zukünftigen Leben noch eine verhängnisvolle Rolle spielen wird: Was auch immer geschieht oder nicht geschieht, es ist er, Bandit, der darüber entscheidet.

Wenn sich Welpenbesitzer nach einer Welpengruppe erkundigt, kommt häufig die Frage, nach welcher Methode man denn arbeite. Ohne Gewalt steht auf der Wunschliste ganz oben – und sollte selbstverständlich sein. Gewalt hat in der Hundeerziehung nichts zu suchen, ebenso wenig wie Wut, Unbeherrschtheit und Ungeduld.

Ohne Zwang aber bitte auch. Und nach den neuesten wissenschaftlichen Erkenntnissen bitteschön. Jetzt wird es schwierig. Also keine Leine? Die Leine ist ein Zwangsmittel, genauso wie das Halsband oder das Geschirr, denn es zwingt den Hund, bei mir zu bleiben, und zwar auch dann, wenn er ganz eindeutig und zweifelsfrei den Willen bekundet, dass er lieber dort ganz hinten auf der Wiese in der Nähe der Bundesstraße mit seinen Kumpels spielen möchte.

Ohne Meideverhalten? Wie haben Sie denn gelernt, die heiße Herdplatte nicht anzufassen, ergo zu meiden? Einzig durch die ermahnenden Worte Ihrer Mutter oder doch etwa dadurch, dass Sie – Kinder sind neugierig, Gott sei gedankt! – mal selbst überprüft haben, wie heiß das Ding denn nun wirklich war. Und sie war heiß, sehr heiß sogar. Als Sie wieder mal an einer heißen oder auch nur möglicherweise heißen Herdplatte vorbeikamen, werden Sie Meideverhalten gezeigt haben. Och nö, das lasse ich lieber, das war nicht so prickelnd. Was ist daran so schlimm? Meideverhalten schützt uns, sowohl unseren Körper als auch unsere Seele. Ohne Meideverhalten wären wir nicht mehr auf diesem Planeten.

Sie sehen, es ist gar nicht so einfach mit den Methoden.

FRUSTRATIONSTOLERANZ – MUSS DAS SEIN?

Frustrationstoleranz – warum ist sie so wichtig? Frustration – das hört sich ungut an, so etwas soll mein kleiner Plüschball nicht lernen müssen! Er soll glücklich und unbeschwert aufwachsen, es soll ihm gut gehen! Ist das überhaupt gewaltfrei? Macht das meinem Welpen Spaß? Eine ganze Reihe von Fragen. Die Wichtigste zuerst: ja, Frustration ist wichtig. Gewaltfrei ist sie auch. Nur Spaß – also Spaß direkt macht sie nicht ... Und das aus gutem Grund.

Können Sie sich an Ihren ersten Schultag erinnern? Es gab eine große Tüte, auf die Sie lange gewartet hatten, und dann – ja dann mussten Sie sitzen! Die Stühle waren bequem, dennoch war Sitzen gar nicht so einfach. Trotzdem haben es alle irgendwie geschafft, eine oder zwei Stunden lang sitzen zu bleiben und dem Unterricht zu folgen. Heutzutage sind eine nicht geringe Anzahl der neu eingeschulten Kinder nicht mehr in der Lage zu sitzen. Sind sie hyperaktiv? Sollten sie einem Kinderpsychiater vorgestellt und medikamentös eingestellt werden? Oder ist die Ursache vielleicht ganz einfach die, dass sie Sitzen niemals wirklich gelernt haben?

Wenn ich nie sitzen bleiben musste, obwohl ich aufstehen wollte, werde ich immer nur dann sitzen, wenn ich, aus welchen Gründen auch immer, sitzen gerade gut finde. Zum Beispiel solange ich esse, genauer gesagt, solange es mir schmeckt. Wenn ich aber schon als Kind warten musste, bis meine Geschwister oder gar die ganze Familie mit dem Essen fertig waren, ehe ich aufstehen durfte, habe ich gelernt, auch dann sitzen zu können, wenn mir sitzen so richtig stinkt. Wie endlos lange sich so ein Essen hinzieht! Wie langweilig es doch ist! Und was für eine beklagenswerte Zeitverschwendung! Während dieser Zeit hätte man mit den Nachbarskindern vor Einbruch der Dunkelheit noch spielen oder im Kinderzimmer die Wände anmalen können. Aber manchmal sind Erwachsene wirklich nur doof und verlangen, dass man blöd am Tisch herumsitzt, anstatt etwas Vernünftiges zu tun!

Blöd am Tisch herumsitzen? Nichts Vernünftiges tun? Zeitverschwendung? Was Kinder hier lernen, ist Frustrationstoleranz, also eine frustrierende Situation aushalten zu können. Mehr noch: sie gelassen aushalten zu können. Und noch mehr: sie nicht nur auszuhalten, sondern sie einfach hinzunehmen. Was ursprünglich eine frustrierende Situation war, wird allmählich Normalität. Normalität aber belastet nicht, Normalität begegnet man gelassen und unaufgeregt.

Braucht man das denn überhaupt? Das braucht man doch gar nicht als Hund! Doch, das brauchen alle sozialen Lebewesen, sonst sieht es mit dem Zusammenleben schlecht aus. Später, wenn der kleine Rüde kein Welpe mehr ist, sondern ein erwachsener Hund, wollen Sie mit ihm ganz entspannt und cool an einem anderen Rüden vorbeigehen können, und zwar auch dann, wenn der Gehweg sehr schmal ist. Der andere soll Ihren Hund nicht aus dem Konzept bringen, selbst dann nicht, wenn er wütend in der Leine hängt, seinen Besitzer hinter sich herzieht und keinen Meter mehr von Ihnen entfernt ist. Ihr Rüde, auch kein Kind von Traurigkeit, würde sich den blöden Fatzke am liebsten mal kurz vorknöpfen und ihm die Meinung blasen – doch Sie verlangen von ihm, dass er es nicht tut. Wenn er es wirklich nicht tut, obwohl ihm der Sinn danach steht, dann hat er eine gute Frustrationstoleranz. Dann ist er als Kind nach dem Essen eben nicht gleich vom Stuhl gerutscht, sondern musste noch ein Weilchen sitzen bleiben. Dann hat er als Welpe oder Junghund vielleicht auch mal trotz einer bühnenreifen Jammereinlage sein angestrebtes Ziel nicht erreicht – ob dieses Ziel nun eine Kaustange war oder zu vermeiden, zehn Minuten alleine im Auto bleiben zu müssen. Die Kaustange konnte er sich abschminken und im Auto bleiben musste er auch. Das war dann einfach so. Er hat noch ein wenig darüber nachgegrübelt, er hat noch ein, zwei Mal gefiept, gejammert und gebellt. Doch nachdem sich die Situation trotz seines Protestes noch mehrmals wiederholte, konnte er das Gelernte generalisieren. Er konnte also auch andere, ihm nicht genehme Situationen hinnehmen.

Auch wir Menschen, zumal jene, die in einer Großstadt leben, müssen gezwungenermaßen tagtäglich ein immens hohes Maß an Frustration tolerieren. Ständig wird unsere Individualdistanz unterschritten (vollgestopfte Nahverkehrszüge, enge Fahrstühle), wir sind umgeben von Menschen, die wir nicht kennen, es ist laut, es ist hektisch und es stinkt. Dennoch müssen wir es irgendwie pünktlich zur Arbeit schaffen und dort nicht genervt, sondern tatendurstig ankommen. Wir müssen also lernen, diese Dinge relativ locker als gegeben hinzunehmen, obwohl sie uns unangenehm sind.

Erinnern Sie sich noch an Heiligabend, als Sie ein Kind waren? Wie unendlich lange haben die Stunden bis zur Bescherung gedauert! Und obwohl die Kinder fast durchgedreht sind, haben die Eltern den Zeitpunkt der Bescherung nicht vorverlegt! Sie mussten also eine extrem frustrierende, aber ansonsten nicht besonders schlimme Situation aushalten. Ohne die „Schatzinsel" wäre das schlichtweg nicht zu schaffen gewesen!

Schauen wir kurz bei Bandit zu Hause vorbei. Lernt er, Frust zu ertragen? In den immerhin drei Welpengruppen, die Merle gemeinsam mit ihm aufsucht, lernt er es schon mal nicht. Vielmehr lernt er dort, dass er das Geschehen bestimmen kann. Wenn er etwas nicht mag, dann macht er es halt einfach nicht. Er lässt sich nicht oder nur nach einigem Hin und Her anleinen, und wenn man ihn auffordert, sich zu setzen, macht er es oder er macht es eben nicht.

Seine Laune ist entscheidend. *Seine* Entscheidung ist bindend. *Er* bestimmt, wo es langgeht, der Rest der Welt folgt ihm nach.

Zu Hause sieht es auch nicht anders aus. Merles Blick ist von früh bis spät auf ihn gerichtet, auch wenn er tief und fest schläft. Was macht er? Hat er auch alles? Braucht er etwas? Geht es ihm gut? Hat er das richtige Futter? Ist das Halsband auch nicht zu eng? Ist ihm langweilig? Hat er genügend Beschäftigung? Gehen wir oft genug spazieren?

Merle versucht, Bandit unendlich viel Freude zu bereiten. Sie wirft für ihn den Ball, sie zerrt für ihn das Tau, sie rührt für ihn den Kochlöffel, sie quietscht für ihn den Gummiigel, sie lässt ihn raus, sie lässt ihn wieder rein, sie schüttelt sein Kissen aus, sie trocknet seine Pfoten ab, sie trägt ihn die Treppen hinunter, sie trägt ihn die Treppen wieder hinauf, sie öffnet ihm die Tür, sie kauft ihm Kauknochen, Hundebonbons, Gummienten. Kurzum: Sie kümmert sich rund um die Uhr um den kleinen Welpen. Und wenn einer das auch mit geschlossenen Augen und im Tiefschlaf merkt, dann ist es unser kleiner Hund. Der merkt sich: Die Welt dreht sich, kein Zweifel, und sie dreht sich nur um mich!

In einer Welt, die sich ausschließlich um mich und meine Bedürfnisse dreht, haben frustrierende Situationen nichts verloren. Kaum tauchen sie auf, werden sie bereits wieder neutralisiert.
Hat der kleine Kerl auch nur den Anflug von Appetit, wird serviert. Hat er Lust zu spielen, wird gespielt. Will er durch den Garten rennen, kann er rennen. Will er raus, kann er raus. Will er wieder rein, kann er wieder rein. Warten kennt er nicht, denn sein persönlicher Dienstbote hat Weltklasse. Wie ein Prinz in einem prunkvollen Palast

braucht der kleine Herrscher nur anzudeuten, wonach ihm der Sinn steht, und Merle, stellvertretend für ein Heer beflissener Angestellter, bemüht sich eiligst darum, das jeweils geäußerte Bedürfnis nach Möglichkeit sofort zu befriedigen.

Noch ist Bandit ein Welpe, noch ist er niedlich. Noch fiept er so süß, wenn Merle auf der Toilette ist und die Tür hinter sich verschlossen hat. Sicher hat er Sehnsucht nach ihr! Er hat halt eine enge Bindung! Er braucht sie. Und weil das so süß ist und weil ihn Merle so niedlich findet, wenn er nach ihr sucht, lässt sie die Tür jetzt immer offen. Bandit soll sich nicht einsam fühlen müssen, er soll Geborgenheit spüren, er soll immer Körperkontakt aufnehmen können, wenn ihm danach ist.

Schon bald könnten sich die hier gelernten Forderungen so anhören (man achte auch auf die Tonlage):

Mach die Tür auf!
Koch mir Essen!
Spiel Ball mit mir!
Rutsch mal zur Seite, ich will ins Bett!

Niedlich? Sind Sie sich da so sicher?

Spencer lernt Frustrationstoleranz so nebenher und nebenbei. Mal bleibt die Tür, hinter der Petra verschwunden ist, offen und Spencer kann ihr hinterhertapern – ein andermal steht Spencer vor verschlossener Tür. Anfangs hat er laut protestiert, aber die Tür blieb verschlossen. Erst, wenn er wieder leise ist und sich trollt, geht sie wie von Wunderhand und ohne, dass dies etwas mit Spencers Verhalten zu tun hat, wieder auf. Manchmal ist sein Napf schon gefüllt und der Duft steigt ihm in die Nase – doch ausgerechnet dann klingelt das Telefon. Pech gehabt, da muss er warten. Mal zerrt er auf der Straße an der Leine und will unbedingt einen seiner Kollegen begrüßen, doch Petra geht einfach mit ihm weiter. „Hunde brauchen aber den Kontakt zu Artgenossen!“, schimpft die Frau mit dem anderen Hund, der wild kläffend in der Leine hängt. Petra scheint es nicht zu hören, und Spencer versteht die Worte zum Glück nicht. Dem kleinen Terrier hätte er schon gerne Guten Tag gesagt. Aber okay, dann eben morgen.

Bei all dem geht es nicht darum, unseren Hund zu gängeln oder zu ärgern oder ihm zu zeigen, wer hier das Sagen hat und wer nicht. Unser Ziel ist vielmehr, diese nicht immer einfache Erziehungsaufgabe mit Freude zu erledigen. Freude darüber, dass wir unserem Hund etwas sehr Wichtiges beibringen, das ihm später so zahlreiche Freiheiten und Freiräume geben wird. Später einmal ist es schön, wenn unser Hund überall mit hin kann und er überall gerne gesehen wird. Später ist es schön, wenn er an tobenden Hunden vorbeigehen kann, ohne seinen Halter dorthin zu ziehen oder auszurasten. Später ist es schön, wenn der Mensch im Restaurant essen gehen kann, ohne dass der Hund jault oder fiept oder auf andere Art und Weise von allen umliegenden Tischen die Aufmerksamkeit einfordert. Später ist es beruhigend zu wissen, dass er auf Zuruf auch wirklich gleich kommt. Später ist es schön, wenn man ins Kino gehen kann in der Gewissheit, dass der Hund zu Hause döst und ruhig abwartet, bis man wieder zurück ist. Dieses „später" sollten wir uns gerade jetzt, wo alles immer nur niedlich ist, dann und wann vor Augen führen. Welche Voraussetzungen muss unser Hund mitbringen, um die beschriebenen Situationen später zu meistern? Will er denn an anderen Hunden grußlos vorübergehen? Eher nicht. Will er wirklich nicht mit ins Kino gehen und stattdessen lieber zu Hause bleiben? Nicht wirklich. Will er ausgerechnet in dem Augenblick, als er den Hasen erspäht hat, zu seinem Menschen zurückkommen? Ganz bestimmt nicht! Es erfordert ein hohes Maß an Frustrationstoleranz, jetzt den Hasen sausen zu lassen und zu kommen. Aber er hat gelernt, dass es geht. Es ist unendlich frustrierend, aber es geht. Das zu können, lernt man nicht an einem Tag. Es ist nicht so sehr eine Übung mit festgelegtem Anfang und Ende, als vielmehr das tägliche Leben. In diesem Leben gibt es unendlich viele große und kleine Möglichkeiten, Frustration ertragen zu lernen. Das muss nichts Dramatisches sein, aber es muss sich einprägen.

So kann man sich auf einer Parkbank niederlassen, den Fuß auf die Leine stellen, die Zeitung lesen und den Kleinen mal ein paar Minuten jammern lassen, ehe er für sich eine Lösung findet – beispielsweise sich ruhig hinzulegen. Man kann ihm mal etwas kommentarlos wegnehmen, was er gern hat, ein Spielzeug oder einen Knochen. Jammert er, misst man dem keinerlei Bedeutung bei. Dadurch, dass wir in diesem Augenblick nicht weiter auf den Hund eingehen, muss er sein Problem selbst lösen. Er muss mit der erlittenen Frustration umgehen lernen, und das heißt meist nur, sie ertragen bzw. tolerieren lernen. In diesem Augenblick erscheint es uns als ein sehr hartes Vorgehen, ganz besonders einem Welpen gegenüber. Später jedoch werden wir immer wieder gefragt, wie wir den so ausgeglichenen und entspannten Hund denn erzogen hätten …

Spielen bedeutet zuvorderst erst einmal Freude am Leben, am Erkunden, am Sein. Es ist vollkommen zweckfrei – was nicht heißen soll, dass zahlreiche Fähigkeiten des sozialen Miteinanders dabei etwa nicht erlernt werden können. Aber das wirklich Tolle am Spiel ist das Wörtchen können – und nicht müssen. Im Spiel muss ich gar nichts, nur spielen. Spielen hat weder Vergangenheit noch Zukunft, spielen findet ausschließlich in der Gegenwart statt. Ich spiele nicht, damit ich später mal gut mit anderen umgehen kann – ich spiele einfach nur so. Aus Lust, aus Laune, und weil ich lebe. Spielen ist schön, Spielen macht Spaß, Spielen entspannt, Spielen macht glücklich.

Hunde spielen mit vollem Einsatz und für ihr Leben gern. Entweder miteinander oder mit einem Gegenstand oder mit ihrem Menschen. Wie aber spielen ihre Menschen mit ihnen?

Wie immer lautet die Antwort auch hier: sehr unterschiedlich. Hunde brauchen zum Spielen nichts als sich selbst, ihren Körper, ihre gute Laune und ein ebenso gestimmtes Gegenüber. Menschen dagegen benötigen häufig ein ganzes Arsenal an Gegenständen, ohne die sie mit ihrem Hund spielerisch offenbar gar nicht ins Gespräch kommen können. Dazu gehören Dinge wie Bälle, Wurfgeschosse, Stöckchen, Tauseile, quietschende Gummienten, Kautschukringe, Frisbees und Belohungshäppchen. So, jetzt können wir spielen!

Es gibt nicht wenige Menschen, die glauben, beim Spiel mit ihrem Hund müssten sie das Spiel einleiten und sie müssten es auch wieder beenden. Müssen! Das hat ja mit Spiel so gar nichts mehr zu tun! Wer will denn noch mit seinen Eltern Memory spielen, wenn die Eltern glauben, Memory spielen zu *müssen*?! Vielleicht weil sie es für pädagogisch wertvoll halten oder weil sie es vorgestern bereits versprochen hatten und nun ein schlechtes Gewissen haben. Welcher Hund hat Spaß am Spiel mit seinem Menschen, wenn dieser statt Lebenslust und Spaß eine Liste korrekter Vorgaben im Kopf hat? Im Spiel mit meinem Hund gibt es nur eine einzige Regel und die heißt:

Es macht uns beiden Spaß! Da muss nichts so oder so und auf keinen Fall anders sein! Was passiert denn da bei meinem Gegenüber, wenn ich aus dem gemeinsamen Spiel ausgerechnet das Spielerische herausnehme? Und was passiert mit mir?

Eine Untersuchung über das Spielverhalten von Müttern und Vätern mit ihren Kindern kam zu dem Schluss, dass Mütter viel häufiger mit ihren Kindern reden und konventionelles Spielzeug einsetzen als Väter dies tun. Letztere bevorzugen das körperliche Spiel wie Rempeln, Knuffen, Laufen, Rennen, Schieben, Boxen. Interessant dabei ist, dass die Kinder gerade auf die zweite Variante des Spielens besonders stark ansprachen (Lamb, Entwicklungspsychologie von Kindern 1976 – 80). Hunde sind in dieser Hinsicht Kindern sehr ähnlich: Sie lieben körperliches Spiel. Sie rennen einander hinterher, foppen sich gegenseitig mit einer angedeuteten, aber nicht ausgeführten Bewegung, versuchen den anderen zu schubsen und zu bedrängen, verstellen einander den Weg, und fordern immer wieder zum Laufen, Rennen, Hopsen, Springen auf.

Wir Menschen aber greifen nun zu Hilfsmitteln wie der neuerdings so beliebten Ballschleuder. Der Ball fliegt durch die Luft, der Hund jagt den Ball und bringt ihn zurück. Der Ball fliegt durch die Luft, der Hund jagt den Ball und bringt ihn zurück. Der Ball fliegt durch die Luft ... ist das Spiel? Spielen ist immer verbunden mit Überraschungen, keiner der Spielenden weiß, was gleich gespielt werden wird und wohin die Reise geht. Spielen heißt, sich etwas einfallen zu lassen. Spielen heißt auch, schnell auf das neue Angebot eines Gegenübers zu reagieren, und zwar so, wie es der andere vielleicht gerade nicht erwartet. Spielen heißt, Lust und Freude an der Überraschung, am Unerwarteten. Das ist lustig!

Spielen ist also eine freudvolle Tätigkeit. Dabei wird lustbetont die Umwelt erkundet und sich mit ihr auseinandergesetzt. Wollen wir doch mal sehen, ob ich das davonfliegende Blatt einfangen und festhalten kann! Wollen wir doch mal sehen, ob ich meinem Freund, dem schnellen Border Collie, den Weg abschneiden kann. Keiner kann einen zum Spielen zwingen, Spielen widersetzt sich jeder Fremdbestimmung. Spielen ist spontan und aus sich selbst heraus motiviert. Es verfolgt also keinen Zweck. *Überhaupt gar keinen.*

Das heißt aber nicht, dass nicht viele Fähigkeiten gerade im Spiel gelernt werden und dass dem Spiel eine sehr wichtige Rolle im Reifungsprozess zukommt. Man lässt sich auf Unbekanntes ein oder wagt sich erstmalig überhaupt an Unbekanntes heran. Bisher Unbewältigtes wird spielerisch geübt und so allmählich beherrscht. Spielen leistet also einen sehr wichtigen Beitrag zum späteren Verhalten, ob nun der Umwelt oder aber Artgenossen und Sozialpartnern gegenüber.

Und noch etwas: Weil niemand spielen muss, kann jeder das Spiel ohne weitere Angabe von Gründen abbrechen. Kein Bock und basta! Das ist wichtig, wenn wir an das Ballspiel denken. Der eine Hund rennt drei- oder viermal dem Ball hinterher und bringt ihn zurück. Plötzlich aber interessiert er sich für etwas anderes, bricht das Spiel also ab. Ein anderer Hund rennt zehn, hundert, tausend Mal dem Ball hinterher und kann dieses vermeintliche „Spiel" nicht mehr abbrechen, selbst wenn er es denn wollte. Schon allein, weil er es nicht abbrechen kann, sondern weiter dem Ball wie von einem Magnet gezogen hinterherjagt, ist dies kein Spiel. Es ist etwas ganz anderes, nämlich jagen.

Was soll denn nun am Ballspielen so schlecht sein?! Das macht doch Spaß, das hält den Hund schön schlank und kostengünstig ist es auch. Nein? Denken wir noch mal an das Bild der Datenautobahn, der breiten, ausgetretenen Trasse im Gehirn, die zwar ein schnelles Vorwärtskommen in eine Richtung ermöglicht, aber wenig Anregung oder gar Grund zum Nachdenken gibt. Die Richtung ist vorgegeben, Abbiegungen bitte nur dann, wenn der Navigator es erlaubt. Das Gehirn kann man also getrost ausschalten, denn das Verhalten läuft von ganz alleine.

Wenn Sie für einen bereits ausgewachsenen Hund, der noch nie zuvor oder nur sehr sporadisch mit dem Ball bespaßt wurde, nun einen Ball werfen, wird sich der Hund aller Wahrscheinlichkeit nach kaum länger für diese recht eintönige Tätigkeit interessieren. Wenn Sie dasselbe aber bereits mit einem Welpen oder einem Junghund machen, sieht die Sache schon ganz anders aus.

Hunde durchlaufen, ganz wie wir Menschen auch, in ihrer Entwicklung unterschiedliche Phasen, und jede dieser Phasen dient der Ausbildung ganz bestimmter Fähigkeiten. Auch Menschenkinder lernen nicht alles auf einmal, sondern eines nach dem anderen. Das eine Kind spricht bereits sehr früh und besitzt ein erstaunlich breit gefächertes Vokabular, ist dafür aber motorisch noch eher unbeholfen. Das andere wiederum ist ein richtiger kleiner Tarzan und erklettert jedes Hindernis mühelos und mit großem Eifer, ist aber in der Sprachentwicklung noch lange nicht so weit wie die Quasselstrippe. Der Grund ist ganz einfach der, dass die Entwicklung und Ausbildung sowohl der einen wie auch der anderen Fähigkeit eine enorme Anstrengung und Leistung für das Kind bedeutet. Entweder es bildet beide Fähigkeiten langsamer, und das heißt später, dafür aber mehr oder weniger zeitgleich aus, oder aber es erlernt erstmal nur die eine, die aber dann frappierend gut.

Auch ein kleiner Welpe hat einen inneren „Stundenplan", also bestimmte Phasen, die nacheinander durchlaufen werden wollen. Nacheinander, nicht gleichzeitig: das hat seinen guten Grund. Zumindest, wenn Sie in jedem der Lernbereiche später eine selbstverständliche Routine erreichen wollen. Bereits mit der vierten Woche beginnt die Sozialisierungsphase, also der Zeitabschnitt, in dem alle Verhaltensweisen des Miteinanders mit Artgenossen und mit Menschen festgelegt werden. Wie schätze ich andere Hunde ein? Was will der Mops mit seinem Knautschgesicht mir jetzt sagen? Wie kann ich mich am besten wehren? Wer rennt schneller? Wie verhalte ich mich, wenn mir jemand auf den Wecker geht? Bringt lautes Bellen mich ans Ziel? Und vieles mehr. Ich erkunde also meine Umwelt und probiere an allen Ecken und Enden, was geht und was nicht so gut ankommt. Wenn also einem kleinen Hund, der gerade mit einer sehr schwierigen Aufgabe, nämlich der Auseinandersetzung mit der belebten Umwelt, befasst ist, nun ständig animierend ein Bewegungsreiz angeboten wird, wird er eines der beiden Dinge sausen lassen müssen. Er ist dann nämlich überfordert, denn auf seinem Stundenplan steht „Sozialisierung" und nicht Jagdverhalten. Das kommt erst in der dritten Klasse, wenn sowohl das Alphabet als auch das kleine Einmaleins fest im Gehirn verankert und ohne groß drüber nachzugrübeln, abrufbar sind.

Jagdverhalten? Was hat denn das mit dem Ball zu tun? Nun, eine ganze Menge. Bei erwachsenen Hunden ist Jagen eine Handlungskette, die aus mehreren, in einer ganz bestimmten Reihenfolge aufgefädelten Gliedern besteht:

Appetenz – ich schau mal nach: Gibt es etwas zum Jagen?
Orten – irre ich mich oder ist da was?
Fixieren – ich irre mich nicht und habe dich fest im Blick.
Anpirschen – ich schleiche mich unauffällig an dich ran.
Hetzen – schnell wie der Blitz laufe ich los.
Packen – geschafft – ich hab dich!
Töten – Adieu

Welpen und junge Hunde hingegen zeigen diese Verhaltensweisen zunächst spielerisch, d. h. ungeordnet und nicht zielgerichtet. Es fehlt noch an einer koordinierten und zielgerichteten Ernsthaftigkeit. Kommt ein anderer Reiz des Weges, wird er spontan angenommen und der Zug fährt plötzlich in eine ganz andere Richtung. Erst renne ich dem vom Wind aufgewirbelten Blatt hinterher, doch schießt gerade mein Bruder an mir vorbei, kneife ich ihm in flagranti in den Hintern. Das alles hat keinen tieferen Sinn, es passiert einfach so. Denn noch muss ich mir meine Nahrung nicht selbst beschaffen, noch bin ich Kind und darf die Welt erkunden und mal schauen, wie andere auf mein Verhalten – hier In-den-Hintern-Beißen – reagieren.

Wenn einem Welpen aber in dieser Phase, wo eigentlich „Sozialverhalten“ auf dem Stundenplan steht, stattdessen ständig ein Bewegungsreiz angeboten wird, lernt er Jagdverhalten. Der kleine Kerl drückt also, ohne es sich selbst ausgesucht zu haben, bereits die Schulbank des Gymnasiums, obwohl er das Alphabet erst lückenhaft, wenn überhaupt, abgespeichert hat. Kann das gutgehen?

Warum aber nimmt der Welpe diesen Bewegungsreiz überhaupt an, obwohl der doch noch gar nicht an der Reihe ist? Er könnte ihm doch auch die kalte Schulter zeigen.

Kann er eben nicht. Denn das Vertrackte am Jagen ist, dass es sich um ein selbst belohnendes Verhalten handelt. Anders als beispielsweise beim „Sitz“ bedarf es zum freudigen Erlernen des Jagens kein einziges Leckerli. Das Jagen selbst ist die Belohung, denn bei dieser Tätigkeit werden Hormone ausgeschüttet. Keine gewöhnlichen Hormone, nein, Glückshormone.

Diese Glückhormone machen high, das weiß jeder Marathonläufer. Und wie beim Marathonläufer hat es denselben Grund: Wenn ich high bin, geht's mir gut und ich laufe (oder jage) weiter. Und weiter. Und weiter ... Dabei empfinde ich weder Schmerz, noch erkenne ich meine Grenzen. Dieser Rausch macht glückselig.

Am nächsten Morgen ist der Rausch vorbei, nicht aber die Erinnerung an ihn. Das war verdammt gut, das will ich wieder haben! Wie war das noch? Ach ja, jemand muss mal den Ball für mich werfen. Und so läuft der kleine Hund mit dem Ball im Maul zu seinem Menschen, schaut ihn erwartungsvoll an und sagt fast schon hörbar: „Wirf mal!“ Der Mensch lächelt, weil der Hund so süß aussieht, nimmt den Ball und wirft ihn. Der Hund sprintet los. Genauer gesagt, er hetzt los, packt den Ball und rennt zurück. So langsam kommt er in Fahrt, so langsam geht es ihm immer besser. Sein Mensch lächelt noch immer. Der Ball fliegt durch die Luft ... und so weiter.

Nach ein paar Tagen tut dem Menschen die Hand weh, mit der er den Ball wirft. Aber dafür gibt es Abhilfe: Nun kommt die Ballschleuder zum Einsatz, die einen praktischerweise auch noch vor jeder unmittelbaren Berührung mit Mutter Natur bewahrt. Dem kleinen Hund gefällt das immer besser, denn nun fliegt der Ball schneller und weiter und er rennt ebenfalls schneller und weiter und die Glücksgefühle werden mit jeder Hatz spürbar intensiver.

Schon bald blickt der Mensch, der eben noch gelächelt hat, in das vor Gier verzerrte Gesicht seines Hundes. Wer kennt nicht die Schäfer- oder die Hütehunde, die Terrier oder die kleinen Schoßhunde, die laut kläffend ihren Halter einerseits verzweifelt und andererseits ultimativ auffordern, nun endlich das Ding wieder zu werfen? Der Hund entscheidet aber nichts mehr, denn längst schon entscheidet etwas ganz anderes über ihn: die Sucht.

Es sollte hier noch gesagt sein, dass es etliche Rassen gibt, bei denen Ballspielen nicht die hier beschriebenen Auswirkungen hat, nämlich die, die auf Bewegungsreize nicht in hohem Maße ansprechen. Das sind Hunde, mit denen man ruhig auch mal Ball spielen darf. Nur sollte man ein aufmerksames Auge dabei haben und sich der möglichen Problematik bewusst sein.

Einem auslösenden Reiz (hier die Bewegung des Balls) unkontrolliert hinterherzuhetzen, hat nichts mit Spiel zu tun. Gar nichts. Im Gegenteil, es entbehrt aller Merkmale des Spiels: der Zweckfreiheit (das Verhalten wird also „nur so“ und ohne festgelegtes Ziel gezeigt), der übertriebenen Signale und Ausdrücke („Spielgesicht“), der freien, ungeordneten und deshalb ungerichteten Kombination von Verhaltenselementen aus unterschiedlichen Funktionskreisen und schließlich des Rollenwechsels. Letzterer geht im Spiel so weit, auch soziale Übereinkünfte aufzuheben und außerhalb des Spiels festgelegte Rollen aufzulösen. So liegt ein ranghöherer Hund beim Spiel auch mal unten und mimt den Unterlegenen, oder ein Hund verbündet sich mit einem anderen gegen seinen engsten Freund. Das „Spielgesicht“, das dabei häufig gezeigt wird, signalisiert dem Bedrängten deutlich, dass es nicht ernst ist – auch dann nicht, wenn es für den Laien so aussehen mag. Ein übertrieben gezeigtes Zähneblecken z. B., verliert so seine ursprünglich bedrohliche Aussage.

All dies werden wir beim Ballspiel vergeblich suchen – das Ballspiel zeigt kein einziges Verhaltensmerkmal, das für das Verhalten „Spielen" kennzeichnend ist. Gleichzeitig reduziert es unseren Hund, dieses hochintelligente Wesen, zu einem stupiden, dem auslösenden Reiz hilflos ausgelieferten Junkie.

BINDUNG – KANN MAN DAS LERNEN?

Alle reden von Bindung – und jeder neu gebackene Hundehalter wünscht sich nichts sehnlicher, als eine enge Bindung zu seinem Hund. Doch was heißt das? Hat das mit Kuscheln zu tun? Mit Vertrauen? Mit Liebe? Kann man das üben? Wie entsteht Bindung? Was ist das überhaupt: Bindung? Besteht zwischen Ihnen und Ihrem Hund eine enge Bindung, wenn er postwendend auf dem Absatz kehrtmacht und zu Ihnen heranstürmt, nachdem Sie ihn gerufen

haben? Ist das Bindung? Was ist mit dem älteren Herrn, der, den Kopf auf den Spazierstock gestützt, nachdenklich in der Abendsonne auf einer Parkbank sitzt, ihm zu Füßen döst sein Hund – ist das Bindung? Die beiden Hunde aus einem Haushalt, die beim Toben mit anderen Hunden im Park auffallend häufig die gegenseitige Nähe suchen, sich dabei jedoch kaum wahrzunehmen scheinen – kann das Bindung sein?

Und wenn das alles mit Bindung zu tun hat – wozu gibt es die überhaupt? Geht es hier nur um ein schönes Gefühl oder hat das alles einen tieferen Sinn?

Möglicherweise beides.

Zunächst einmal: Was ist Bindung in Bezug auf den Hund überhaupt? Bindung wird definiert als positiv-emotional gefärbte soziale Beziehung des Hundes zum Menschen (D. Feddersen-Petersen). Die Fähigkeit, eine Bindung zu einem Bindungspartner aufzubauen, ist angeboren. Damit aber tatsächlich auch eine Bindung entsteht, muss das Potenzial angesprochen werden. Ist dies geschehen und eine Bindung vorhanden und gefestigt, zeigen sich die Welpen und später die jungen Hunde offener im Umgang mit Menschen, nehmen häufiger Kontakt zu Fremden auf und werden für ihren Menschen in ihrem Verhalten anderen Hunden, Kindern oder Erwachsenen gegenüber verlässlich einschätzbar. Eine gute Bindung äußert sich im Erkennen und in der Bevorzugung eines oder mehrerer Menschen, denen gegenüber sich der Hund sehr differenziert verhält und damit ein waches Interesse am Bindungspartner signalisiert. Ein Bindungspartner ist darüber hinaus auch nicht einfach durch einen anderen austauschbar, und zwar auch dann nicht, wenn dieser sich ganz ähnlich verhält. Interessanterweise kann das Bindungsverhalten unter Wölfen und Hunden nicht nur fester, sondern auch dauerhafter sein als es Beziehungen unter unseren nächsten Verwandten, den Schimpansen, sind.

Eine sichere Bindung zeigt sich vor allem durch gemeinsames Erkunden, wenige Konfliktsituationen und die freudige Kontaktaufnahme nach einer Trennung.

Wenn wir an Bindung denken, so fallen uns spontan zunächst Bilder von Mutter bzw. Eltern und Kind ein: das Huhn und sein Küken, das Pferd und sein Fohlen, die Mutter und ihr Baby. Obwohl der Bindungsprozess in der Kindheit beginnt, ist Bindung nicht mit Abhängigkeit zu verwechseln. Sie kann ein Leben lang bestehen, wohingegen die frühkindliche Abhängigkeit schon bald, und ganz sicher im Laufe des Lebens, immer weiter abnimmt oder dies zumindest tun sollte.

Sehen wir uns das Phänomen zunächst einmal bei uns Menschen an, wo es das Bedürfnis nach einer engen, von Gefühlen geprägten Beziehung zu einem Mitmenschen beschreibt. Der britische Kinderpsychiater und Psychoanalytiker John Bowlby hat in den fünfziger Jahren des letzten Jahrhunderts die sogenannte Bindungstheorie begründet. Später haben er und seine bekannte und lebenslange Mitstreiterin, die kanadische Psychologin Mary Ainsworth, empirisch durch Trennungsexperimente unterschiedliche Bindungsqualitäten nachweisen können. Bowlby bezieht sich ausdrücklich auf Charles Darwin, wenn er davon ausgeht, dass das Verhaltenssystem eines Lebewesens, also auch das des Menschen, grundsätzlich dem Überleben dient. Dazu gehört beim Kind das Bindungsverhalten, dessen Ursprung in grauer Vorzeit im Schutz gegen lebensbedrohliche Raubtiere vermutet wird. Denn einen Artgenossen, den ich besonders gut kenne, kann ich in der Folge auch besonders gut einschätzen. Und wen ich gut einschätzen kann, auf den kann ich mich schlussendlich auch besonders gut verlassen, dem kann ich vertrauen. Bindung hat also auch etwas mit Langfristigkeit zu tun, einer langen Zeitspanne, in der es die unterschiedlichsten Aufgaben zu bewältigen gilt. Zu einer Zufallsbekanntschaft, die ich bereits ab dem nächsten Bahnhof aller Wahrscheinlichkeit nach nie wiedersehen werde, werde ich weder eine Bindung aufbauen wollen noch können. Sie wäre sinnlos, ganz abgesehen davon, dass sie sich in der Kürze der Zeit auch gar nicht hätte entwickeln können.

Die Bindungstheorie (J. Bowlby, M. Ainsworth) geht davon aus, dass Bindungsverhalten angeboren ist und demzufolge ein Kind eine Bindung zu einer Bezugsperson aufbauen *muss*. Bindung ist demnach ein Primärbedürfnis. Bowlby und Ainsworth waren seinerzeit darauf angewiesen, ihre Theorie auf Verhaltensbeobachtungen bei Trennungsexperimenten zu stützen. Heute ist durch die Messbarkeit hormoneller Veränderungen und deren Steuerung der Bindungsstellen im Gehirn eine weitere Komponente hinzugekommen.

Lerntheoretiker hatten die These aufgestellt, dass die Beziehung und Bindung zwischen einer Mutter und ihrem Kind hauptsächlich durch Nahrung, also das Füttern, bestimmt ist. Dies konnte der Psychologe Harry Harlow 1958 mit seinen Tierexperimenten widerlegen. Er trennte neugeborene Rhesusaffen von ihren Müttern und ließ sie anschließend zwischen zwei Mutterattrappen wählen. Die eine war mit einem weichen Fell überzogen, bot jedoch keine Nahrung. Die andere war aus Draht, also kalt und abweisend, hatte aber Nahrung zu bieten. Die kleinen – sehr hungrigen! – Affenkinder bevorzugten die Fellattrappe und suchten bei ihr Sicherheit und Trost, indem sie sich an sie klammerten. Hiermit wurde belegt, dass Bindung ein selbständiger Entwicklungsprozess ist, der weder von dem Bedürfnis nach Nahrung noch von dem nach Sexualität abhängig ist. Und in der Tat: Er hat etwas mit Kuscheln – genauer, mit Sicherheit – zu tun!

Bindungsverhalten beim menschlichen Baby und Kleinkind drückt sich beispielsweise durch Lächeln, Schreien, Festklammern und zur Mutter oder zur Bezugsperson krabbeln aus. Es ist genetisch vorgeprägt und in dieser Form bei allen Primaten zu finden, insbesondere beim Menschen. Werden die Bindungswünsche abgewiesen, verstärkt sich zunächst das die Bindung suchende Verhalten. Ist die Nähe zur Bezugsperson zum Beispiel durch Blickkontakt oder durch körperlichen Kontakt wiederhergestellt, beendet dies in der Regel das die Bindung suchende Verhalten: Das Baby fühlt sich wieder sicher und kann sich anderen Dingen zuwenden.

Und genau deshalb ist Bindung so wichtig! Nicht nur versichert sich das Kind über die Mutter oder die Bindungsperson, sondern es kann jetzt wieder handeln. Und das heißt in der Regel die Welt erkunden. Beobachtet man kleine Kinder, wird man feststellen, dass sie sich häufig durch Blickkontakt mit z. B. ihrer Mutter rückversichern und dass gerade diese Rückversicherung ihnen überhaupt erst die Möglichkeit eröffnet, weitere Erkundungen anzustellen. Kinder spielen entspannter, wenn ihnen von einer Bezugsperson sozusagen Rückendeckung, also Sicherheit, vermittelt wird. Wie der Verhaltensbiologe Thomas Althaus (1983) es formulierte: „Das Junge braucht offenbar die Bindung an die Mutter für seine Handlungsfähigkeit."

Das wiederum heißt, dass Bindung nicht gleich Bindung ist, sondern individuell unterschiedlich ausgeprägt und von ebenso unterschiedlicher Qualität ist. Ausschlaggebend für die Entwicklung einer guten Bindung ist die „Feinfühligkeit" des Bindungspartners. Beim menschlichen Säugling bedeutet das ein promptes und angemessenes Reagieren auf die vom Säugling geäußerten Bedürfnisse. Werden umgekehrt die geäußerten Bedürfnisse und Wünsche ständig abgelehnt oder nicht beantwortet, so findet das Kind den einzigen Ausweg aus der bedrohlichen Situation des immer wieder Zurückgewiesenseins darin, dass es sich einer Bindung von vorneherein verweigert und diese meidet.

Das spätere Bindungsverhalten eines Kindes ist also weniger Ausdruck seines individuellen Temperaments oder seines Charakters als vielmehr das Ergebnis der erlebten Zwiesprache mit seiner Bezugsperson, meist der Mutter. Diese frühe Zwiesprache von Mutter und Kind zeigt demnach eine Tendenz zur Generalisierung.

Der Verhaltensforscher und Biologe Ádám Miklósi von der Universität Budapest hat nachweisen können, dass es wie beim Menschen auch beim Hund fünf unterschiedliche Bindungstypen gibt. Erstaunlicherweise – oder auch nicht? – erwies sich das Bindungsverhalten von Welpen und Elterntieren in seiner Gesamtheit als vergleichbar mit der Eltern-Kind-Beziehung beim Menschen.

Und was heißt das nun für mich und meinen Hund? Etwa, dass ich jedem vom Hund geäußerten Wunsch nachkommen sollte, der Bindung wegen? Nein, das ist mit Feinfühligkeit nicht gemeint. Feinfühlig bedeutet ja gerade, der jeweiligen Situation in *angemessener* Weise nachzukommen. Wenn mein bereits neunjähriges Kind mich im Café ungeduldig im Gespräch mit meiner Freundin unterbricht mit der Bemerkung, es wolle jetzt nach Hause gehen, kann und muss ich das ganz anders beantworten, als wenn dieses Kind ein Säugling wäre und plötzlich zu weinen beginnt. Einem Neunjährigen könnte ich, zum Zeichen dafür, dass ich ihn sehr wohl gehört habe und zum Zeichen der Verbundenheit, einfach nur eine Hand auf die Schulter legen, das Gespräch mit meiner Freundin aber ohne Unterbrechung fortführen. Einem schreienden Säugling werde ich sofort meine Aufmerksamkeit widmen und der Ursache für sein Weinen auf den Grund gehen wollen. Bei Hunden ist das auch nicht viel anders. Hat sich mein Hund eine Glasscherbe in den Fuß getreten, muss ich handeln und zwar sofort. Ist ihm aber einfach nur langweilig und er beginnt zu nerven, lasse ich seine gezielten Nachfragen durch Nichtbeachtung einfach verpuffen und kann ganz nebenbei aus dem Augenwinkel heraus beobachten, wie er sich wieder entspannt hinlegt. Wichtig, auch und gerade für eine gute Bindung, ist es also, den Hund je nach Gegebenheit ernst zu nehmen und seinen Anfragen nachzukommen oder aber ihm, ebenfalls je nach Gegebenheit, zu signalisieren, dass seine Bedürfnisse just in diesem Augenblick nicht wirklich wichtig sind und ich ihm derzeit nicht zur Verfügung stehe. Ich bleibe also ganz bei mir und fahre fort, das zu machen, womit ich gerade beschäftigt war.

Hundemütter bereiten diese Loslösung bereits erfolgreich und sehr früh vor, also noch lange vor der Abgabe an die neuen Besitzer. So ist der kleine Welpe es zunächst gewöhnt, dass er sich nach Belieben Milch holen kann, diese ihm also fast immer zur Verfügung steht. Doch etwa ab der fünften Lebenswoche wird die Mutterhündin etwas ungemütlich und launisch und lässt die Welpen nur noch sporadisch und dann, wann es ihr passt, Milch saugen. Die Welpen, die meist ungehalten meckern oder auch wütend ihre vermeintlichen Rechte einfordern, lernen jetzt, dass im Leben nicht immer alles nach Plan abläuft – zumindest nicht nach dem eigenen. Sie lernen, dass nicht alles immer verfügbar ist. Und sie lernen noch etwas sehr Wichtiges: dass deshalb die Welt nicht untergeht. Sie wackelt noch nicht einmal ein ganz kleines bisschen.

Die Welpen werden somit Stress ausgesetzt – und sie lernen, mit diesem Stress, dieser Frustration ihrer Wünsche, umzugehen.

Wenn ich also meinem Welpen nicht immer vorschriftsmäßig die exakt 123,7 Gramm der Tütennahrung in den Napf abfülle, sondern den einen Tag mal etwas mehr, manchmal auch viel mehr, den nächsten aber weniger, manchmal auch viel weniger, belaste ich seine Psyche nicht in unvertretbar schädigender Art und Weise. Ganz im Gegenteil, ich setze genau den Lernprozess fort, den die Mutterhündin bereits im zarten Alter von fünf Wochen bei ihm initiiert hat. Darüber hinaus ist auch hier milder Stress seiner Entwicklung förderlich. Milder Stress bedeutet, dass der Welpe aus der ihn stressenden Situation einen Ausweg finden kann, eine sogenannte „coping strategy". Aber Vorsicht, „Ausweg" bedeutet nicht: Wie bekomme ich den Napf voll? Es bedeutet vielmehr: Wie ertrage ich es, dass mich die nur halb gefüllte Schüssel nicht verrückt macht? Das ist ein Unterschied! Ich finde also eine Lösung, indem ich mich mit den leicht veränderten Umständen arrangiere, statt sofort auf die Barrikaden zu gehen.

Positiver Stress – Eustress

Unterscheiden muss man jedoch, um welche Art von Stress es sich handelt. Positiver, der Entwicklung förderlicher Stress (der sogenannte Eustress), ist einer, der mich zwar augenblicklich belastet, aus dem ich aber aus eigener Kraft eine Lösung finden kann. Stört es mich, dass mein Napf nicht gewohnt pünktlich gefüllt wird, kann ich meckern, unruhig herumtraben, meinem Menschen auf die Nerven fallen oder etwas aushecken, damit er sich sofort um mich kümmert. Ich versuche also auch hier, eine Lösung zu meinem Problem (leerer Napf) zu finden. Vermutlich greife ich hier bereits auf wiederholt gemachte Erfahrungen zurück. Als ich gestern fiepend vor dem Kühlschrank auf- und abgetigert bin, ist mein Mensch pronto vom Sofa aufgesprungen und hat ohne Umwege den Kühlschrank angesteuert.

Wenn es gestern geklappt hat, wird es heute auch nicht anders sein. Dieses Mal aber bleibt mein Mensch sitzen und starrt weiterhin vollkommen fasziniert auf die blöde Zeitung, zu der er ohnehin eine mir nicht nachvollziehbar innige Beziehung hegt. Ich fiepe also noch einmal so wie gestern, als es so gut geklappt hat. Mein Mensch scheint über Nacht taub geworden zu sein und starrt weiterhin auf die Zeitung. Ich rase dreimal um die Kücheninsel, bleibe dann vor dem Kühlschrank sitzen und fiepe – weil es doch gestern so gut geklappt hat, verdammt.

Und während ich so vor mich hinfiepe, wird mir schlagartig klar: Mein Mensch ist heute anders. Das darf nicht einreißen, ich muss handeln und irgendwie seine Aufmerksamkeit bekommen. Ich versenke meine noch recht spitzen Welpenzähne in den herumstehenden Besen, der scheppernd zu Boden fällt, und zerre das unhandliche Ding durch die Gegend.

Nichts.

Nichts passiert. Mein Mensch ist immer noch bei seiner Zeitung. Ich stutze kurz und überlege. Fiepen hat nichts gebracht. Herumrasen hat nichts gebracht. In-den-Besen-Beißen hat auch nichts gebracht. Ziemlich erschöpft lasse ich mich auf den Boden fallen und schließe die Augen.

Ja, das ist Stress. Aber keiner, der einen Welpen ungebührlich belastet. Vielmehr hat in unserem Fall der kleine Kerl seine Lösung gefunden: erst mal eine Runde Ruhe.

Negativer Stress – Distress

Ungebührlicher Stress (sogenannter Distress) wäre es, wenn es kein Futter mehr gäbe, auch über Tage nicht, und der kleine Hund zudem irgendwo eingesperrt wäre, er sich also auch nichts zu fressen suchen könnte. Er hätte keine Möglichkeit, sein Problem zu lösen, und wäre diesem hilflos ausgeliefert. Diese Form von Stress hilft dem kleinen Hund in seiner Entwicklung nicht weiter, denn außer seine eigene Hilflosigkeit zu erleben, lernt er nichts. Nun ist aber gerade Hilflosigkeit genau das, was ein Welpe unter keinen Umständen für sich als einzige noch zur Verfügung stehende Lösungsmöglichkeit abspeichern sollte. Hilflos ist man nicht, aber man kann lernen, es zu werden.

Ein Welpe darf und muss also immer mal wieder etwas Stress ausgesetzt sein, damit er lernt, selbstständig Lösungen zu plötzlich auftauchenden Problemen zu finden und diese für eine zukünftige

Nutzung abzuspeichern. Ob das nun die zu hohe Stufe ist, von der er noch nicht so recht weiß, wie er sie schaffen soll, oder der Laternenpfahl, um den sich beim Spaziergang unversehens die Leine gewickelt hat. Man sieht den kleinen Kerl in seinem Dilemma und möchte ihm zu Hilfe eilen. Nur: Es ist keine Hilfe, jedenfalls keine, die er für sein zukünftiges Leben gebrauchen kann. Im Gegenteil, diese vermeintlich liebevolle Unterstützung ist ein Schritt in Richtung Unselbstständigkeit. Wenn man seinem jungen Hund jedes Steinchen aus dem Weg räumt, darf man sich später nicht wundern, dass er holprige Wege nicht nur meidet, sondern für unpassierbar hält. Nicht weil er sich ziert oder weil er blöd wäre – nein, er hat es schlichtweg nicht gelernt.

ABGEGRENZTES VERHALTEN – ICH MACHE MEIN DING UND LIEBE DICH DENNOCH

Kennen Sie das? Ein Kollege oder eine Kollegin, der oder die trotz zahlreicher Verneinungen immer wieder nachfragt, ob Sie nicht doch mal gemeinsam mit ihm oder ihr in die Kantine gehen möchten? Ein Vater oder eine Mutter, der oder die ihrem Sprössling bereits seit frühester Kindheit jeden Wunsch, noch ehe das Kind diesen selbst so recht wahrgenommen hat, von den Lippen abliest und sich beeilt, ihn zu erfüllen? Ein Partner oder eine Partnerin, die Ihnen Tag und Nacht in unendlicher Wiederholungsschleife versichert, wie sehr er oder sie Sie liebt? Was löst das in Ihnen aus? Neugier? Interesse? Freude? Wohl kaum.

Ob Kollege, Vater oder Mutter, Lebenspartner oder Freund – sie alle sind in unseren Beispielen nicht bei sich, sondern gerade im Begriff, mit einem anderen Lebewesen zu verschmelzen. Sie haben darauf verzichtet, ein eigenes Leben zu führen und eigene Ansprüche geltend zu machen. Sie sind nicht in der Lage, ihren eigenen Rahmen abzustecken, sie können sich nicht abgrenzen. Das ist tragisch – für beide Seiten gleichermaßen. Denn zu einer guten, spannenden, lebendigen und liebevollen Beziehung gehört auch, dass unser Gegenüber ein eigenes Leben führt, eigene Erlebnisse ohne uns hat und folglich auch eigene Gedanken und Anregungen wieder mit nach Hause bringt. Bei Hund und Mensch geht es um ein komplementäres und somit nicht gleichberechtigtes Verhältnis! Bei einem Welpen oder jungen Hund und seinem Menschen haben die beiden nicht nur nicht die gleichen Rechte und somit auch nicht die gleiche Entscheidungsbefugnis, sondern darüber hinaus trägt der Mensch die Verantwortung für die Erziehung des Hundes, für seine spätere problemlose Eingliederung in das große Miteinander „Gesellschaft“. Wir nehmen in Bezug auf unseren kleinen Hund also eine ganz andere Rolle ein als er in Bezug auf uns – das jedenfalls wäre für beide Seiten sinnvoll.

Verschmelzung ist ein schönes Gefühl, das wir in der Phase des Verliebtseins als sehr beglückend erleben. Aber wenn es darum geht, eine lebendige Beziehung zu formen und zu erhalten, ist plötzlich genau dieses Gefühl nicht mehr beglückend und man begegnet ihm bestenfalls gleichgültig, schlimmstenfalls mit Verachtung.

Merkwürdigerweise schätzen wir es nicht, wenn uns die Dinge hinterhergetragen werden. Vielleicht ganz einfach deshalb, weil es uns nicht gut bekommt. Nehmen wir noch einmal das Beispiel des kleinen Welpen, dem die zu bewältigende Stufe zunächst als viel zu hoch vorkommt. Schaffe ich nicht, sagt sich der Welpe, probiert es aber im Anschluss an diese niederschmetternde Feststellung gleich noch einmal. Hat er das Glück, einem sich abgrenzenden Menschen zu gehören, hat er jetzt die Möglichkeit zu lernen. Entweder, dass die Stufe wirklich zu hoch für ihn ist oder aber, dass er sie wider Erwarten doch erklimmen kann. Beides sind wertvolle Erkenntnisse, die er nicht erlangt hätte, hätte man ihm das vermeintliche „Hindernis" beflissen aus dem Weg geräumt und ihn hochgehoben. So aber hat er gelernt, für ein bestehendes Problem eine passende Lösung zu finden und sich selbst besser einzuschätzen.

Auch Kindern wird es häufig viel zu leicht gemacht. Sie müssen nicht mehr über die Zusammenhänge innerhalb einer Familie nachdenken, wenn sie ohnehin immer im Mittelpunkt stehen. Steht man immer im Mittelpunkt, regt das nicht gerade das Nachdenken über soziale Beziehungen und die vielschichtigen Verflechtungen und Strukturen dieses Gefüges an – wenn ich immer im Mittelpunkt stehe, ist zumindest meine Rolle und Stellung innerhalb des Ganzen geklärt. Im Mittelpunkt stehen hat noch einen weiteren Nachteil: Es ist unglaublich einsam.

Was also ist das, abgegrenztes Verhalten? Wie sieht jemand aus, der sich den Anforderungen seiner Umwelt gegenüber abgegrenzt verhält? Hält der sich ständig alle vom Leib, ist das ein Eigenbrötler? Will der mit anderen nichts zu tun haben, denkt der nur an sich?

Nein, es ist einfach jemand, der bei sich bleibt und das tut, womit er nun mal gerade beschäftigt ist. Jemand, der nicht jede kleinste An- oder Aufforderung anderer sofort als Appell auffasst, dem es gilt, möglichst unverzüglich Folge zu leisten. Der Welpe schafft die Stufe nicht – ich muss ihn tragen! Der Welpe hängt mit der Leine am Laternenpfahl – ich muss die Leine entwirren! Der Welpe hat Magengrummeln – ich muss für ihn kochen! Der Welpe sieht so gelangweilt aus – ich muss ihn beschäftigen! Der Welpe schaut irgendwie so traurig – ich muss ihn knuddeln!

Dass das nicht gut sein kann, weiß im Grunde genommen jeder. Stattdessen müsste man sich – ob nun einem Welpen oder einem Kind gegenüber – verhalten wie jemand, den unser Gegenüber nicht in erster Linie als Dienstboten wahrnimmt, sondern den er ernst nehmen kann. Wenn Sie später mit Ihrem dann fünfzehnjährigen Sohn tolle Gespräche führen wollen, er Ihnen aber schon als Dreijähriger nur mit halbem Ohr zuhört, sieht es für Ihr Vorhaben schlecht aus.

Stellen Sie sich doch einfach mal vor, Sie müssten – in welchem Zusammenhang auch immer – plötzlich eine leitende Rolle übernehmen. Woran wäre diese Rolle gekoppelt? Welches Verhalten würde Ihr Anliegen glaubwürdig transportieren? Sie haben die Verantwortung für jemanden übernommen, der später in diese Welt passen muss. *Das* ist Ihr Auftrag! Um diesen Auftrag zu erfüllen, müssten die Prioritäten neu geordnet werden. Geliebt zu werden, stünde unter diesen Umständen plötzlich nicht mehr auf Platz eins der Wichtigkeitsskala. Dass Ihr kleiner Hund rund um die Uhr glücklich ist, käme ebenfalls nicht an erster Stelle. Stattdessen aber hätten Sie es sich zur dringlichsten Aufgabe gemacht, ihm eine möglichst breite Vernetzung zu ermöglichen, auch im sozialen Bereich. Er soll vieles kennenlernen dürfen, sich auseinandersetzen dürfen, sich auch mal daneben benehmen dürfen – und Sie würden diese Entwicklung nicht als Zuschauer, sondern als ernst zu nehmendes Gegenüber gestalten und begleiten. Es geht hier eben nicht um das Vermitteln eines formalen Regelwerks, sondern darum, dass mich mein Hund auch gefühlsmäßig als ernst zu nehmenden Menschen wahrnimmt.

Ihr Benehmen in Ihrer neuen Rolle darf auch mal einen etwas arroganten Touch annehmen. Die Umwelt soll ruhig denken: Da kümmert sich jemand aber so gar nicht um seinen Hund! „Der kleine Hund ist so süß, wie er Ihnen um die Beine wuselt – und Sie schauen ihn noch nicht einmal an!“ Vorwurfsvolle Bemerkungen dieser Art werden kommen, darauf muss man gefasst sein. Sich nicht von allen und jedem beeinflussen und immer wieder verunsichern zu lassen, gehört auch zum abgegrenzten Verhalten. Wenn ich weiß und wenn ich spüre, dass etwas so okay ist, dann ist es okay, ganz gleich, was mir ein Wildfremder so ungefragt wie unerwünscht unbedingt über Hundeerziehung, Bindung und Vertrauen ans Herz legen möchte.

Abgegrenztes Verhalten bedeutet auch, dass Kinder oder Hunde mich als Menschen in aller Ruhe anschauen dürfen und zwar ohne, dass im Gegenzug ihre Blicke sofort erwidert und bedient werden.

Einem Hund muss die Zeit gewährt werden, etwas zu sehen, darüber nachzudenken und dieses Gesehene und diese Gedanken einzuordnen. Ein Hund muss beispielsweise lernen dürfen, ob die Hunde weiter hinten auf der Wiese so spielen, dass jeder willkommen ist, oder ob es sich dabei um ein geschlossenes System handelt, zu dem unser Hund gar nicht dazugehört.

Ist diese Zeit nicht vorhanden, kann man den Hund durch die fehlende Möglichkeit sich anzupassen regelrecht überfordern. Unruhe, Rastlosigkeit, Unkonzentriertheit können die Folge sein. Und alles nur, weil das eigene Lebensprogramm picke-packe voll ist mit vermeintlich wichtigen Zielen (Sitz, Platz, Fuß) und weil man dem törichten Erziehungskonzept aufsitzt, das einem vorgaukelt, das ganze Leben müsse man jetzt oder nie, in dieser so elementar wichtigen Phase, binnen weniger Wochen vollumfänglich abhandeln, besser gesagt durchhecheln.

Sich abzugrenzen bedeutet aber keineswegs, etwa nicht zu handeln – oder gar: nicht handeln zu müssen! Ganz im Gegenteil, Handeln und Sicheinbringen in eine Situation ist gefragt. Man muss jemanden in den Arm nehmen, man muss jemanden festhalten und sagen: Ich sehe dich, ich spüre dich und ich bin in der Lage, dir genau das mitzuteilen und es mit dir aufzunehmen, denn ich kann und ich werde dich halten. Ganz konkret kann das heißen, einen ausrastenden Welpen einfach mal wirklich festzuhalten und seinen Bewegungsdrang radikal zu beschränken, bis er sich wieder beruhigt hat – bis er nicht mehr „ungehalten" ist. Mit einer solchen Handlung schränkt man nicht nur ein, man stößt damit gleichzeitig eine Tür auf. Der Welpe macht die Erfahrung des Gehaltenwerdens. Sicherheit, Vertrauen und Zugehörigkeit sind Dinge, die man nicht ausschließlich über Liebkosungen und leckeres Essen transportiert, sondern indem man sich seinem Welpen gegenüber als handlungs- und konfliktfähig erweist. Unbedingte Voraussetzung hierfür ist die eigene emotionale Beständigkeit und Zuverlässigkeit.

Was aber hindert uns so häufig daran, uns unseren Hunden gegenüber abgegrenzt zu verhalten? Und warum haben manche Menschen damit offenbar weniger Probleme als andere?

Warum befürchten manche Menschen ständig, etwas falsch zu machen? Sie vertrauen nicht darauf, dass selbst grobe Fehler Teil des Lebens sind und dass man sie getrost machen darf, ja muss. Das Problem ist ja nicht der Fehler, sondern ob und wenn ja, welche Schlussfolgerungen daraus gezogen werden.

Der Gedanke jedoch, ich könnte gleich etwas falsch machen mit meinem Welpen, wirkt für viele bereits lähmend. Der Hund könnte es mir übel nehmen, er könnte mir künftig misstrauen, er wird sich vielleicht nicht an mich binden. Und dann diese eine Sorge, die wie eine dunkle Wolke dräuend über allen anderen Ängsten schwebt und eine düstere, ausweglose Stimmung verbreitet: Er könnte mich nicht mehr lieben. Aus dieser Befürchtung heraus erstarren wir wie gelähmt und werden handlungsunfähig.

Wenn ich einen Hund zu etwas motiviere, das ihm Freude bereitet, wird er sein Glück durch ein breites, fröhliches Grinsen zeigen. Bekommt er aber eine Ansage, dass sein gerade gezeigtes Verhalten nicht erwünscht und zukünftig zu unterlassen ist, wird er überhaupt nicht glücklich aussehen und dieses momentan empfundene Unglück auch mit seinem Körper und seiner Mimik ausdrücken. Eine solche Unmutsbekundung aber zum Anlass zu nehmen, nun gar nicht mehr zu handeln, wäre genau die falsche Schlussfolgerung. Auch das gehört zum abgegrenzten Verhalten: zu erkennen, ob meine Handlung angemessen und richtig war, obwohl mein Hund daraufhin momentan ein klein wenig verstimmt ist, oder ob ich mit meiner Reglementierung möglicherweise wirklich zu weit gegangen bin.

Zurück zu unserem Rollenspiel: Welche Verhaltensweisen Ihrerseits wären an diese neue, leitende Rolle gekoppelt? Die ständige Befürchtung, etwas falsch oder zumindest irgendwie nicht ganz richtig zu machen, gehört wohl eher nicht dazu. Menschen, die anderen mit jedem Schritt signalisieren, dass sie von ihrem Verhalten selbst nicht überzeugt sind, können keine leitende Rolle übernehmen. Wer würde bei ihnen Rat und Unterstützung suchen? Wer würde sich an sie anlehnen wollen? Eine souveräne Selbstdarstellung jedoch ist ausschlaggebend dafür, dass mich mein Welpe ernst nimmt. Ein solcher Mensch präsentiert sich nicht nur souverän, er ist herzlich und er mag sich selbst! Sich selbst zu mögen, ist eine weitere Voraussetzung dafür, von anderen ernst genommen zu werden. *Ich spiele im eigentlichen Sinne gar keine Rolle wie auf einer Theaterbühne – also eine Person, die ich gar nicht bin –, sondern ganz im Gegenteil, ich spiele mich selbst, aber in einer neuen Funktion, mit einem neuen Ziel, mit einer neuen Ausrichtung.* Somit muss immer wieder die Frage beantwortet werden: Wie sieht so jemand aus, wie geht er, wie redet er, wie viel Raum nimmt er ein? Und wie fühle ich mich, wenn ich anders gehe, anders spreche und mehr Raum einnehme, allein indem ich mich aufrichte und die Schultern nicht hängen lasse? Vermutlich ist es ein anderes, ein neues Gefühl. Diesem neuen Gefühl folgend kann ich anders und sehr viel wirkungsvoller handeln.

Konflikte und ihre Lösungen

Das Leben besteht aus Konflikten, buchstäblich. Der eine will dieses, der andere jenes, und schon ist er da, der Konflikt. Wartet man nur fünf Minuten, gesellt sich in aller Regel ein zweiter dazu. Besonders ungelöste Konflikte haben die Neigung, sich wie Bakterien blitzschnell zu vermehren. Schon allein deshalb tut man gut daran, Konflikte schnell zu lösen. Außer der Hygiene aber gibt es noch einen weiteren guten Grund, Konflikten nicht aus dem Weg zu gehen: Sind sie erst einmal gelöst, kehrt Frieden ein. Ein harmonisches Miteinander ist der Lohn für die Mühe mit den Konflikten.

Doch das Problem ist nicht nur, dass viele von uns Konflikte irgendwie als unangenehm empfinden und sie folglich meiden, sondern dass dieses Empfinden auf Erfahrung beruht. Auf der Erfahrung des Versagens.

Ein Beispiel: Merle und Holger hatten sich vor Bandits Einzug neue Esszimmerstühle aus Holz gekauft. Keine kluge Entscheidung, kurz bevor ein kleiner Welpe einzieht, aber die mit den Stahlbeinen waren einfach scheußlich.

Dann kommt es, wie es kommen muss, und Bandit knabbert ein Stuhlbein an. Als Holger es entdeckt, ist Bandit, der sich offenbar blitzschnell in einen Biber verwandeln kann, schon recht weit gekommen. Bandit blickt überrascht zu Holger auf, aber Holger starrt entsetzt, und ohne ein Wort zu sagen, auf das Stuhlbein und geht aus dem Zimmer. Er geht auf direktem Weg zu Merle, um sich zu beklagen. Der Hund sei hyperaktiv, der Hund nerve ständig herum, der Hund mache alles kaputt. Merle ist sauer. Nicht auf Bandit, sondern auf Holger. Bandit ist nicht hyperaktiv, sondern lebhaft. Er ist nicht nervig, sondern willensstark. Außerdem macht er nicht „alles" kaputt, obwohl so dieser und jener Gegenstand seinetwegen in den Mülleimer gewandert ist. Dennoch hat Merle ein schlechtes Gewissen. Der Hund ist ihre Aufgabe und so fühlt sie sich Holger gegenüber fast so, als ob sie selbst das Stuhlbein angeknabbert hätte …

Merle geht zu Bandit, streckt den Zeigefinger in die Luft und sagt ernst: „Nein!" Bandit erschrickt, dieser Ton ist neu. Leicht verunsichert nähert er sich unschlüssig Merle, die ihn lobt und ein Leckerli aus ihrer Hosentasche zaubert.

Was lernt Bandit jetzt? Etwa das Stuhlbein nicht anzuknabbern? Nein, denn kurz darauf wendet er sich erneut mit derselben Verve dem Stuhlbein zu. Merle seufzt und macht das, was wir Menschen nur zu gerne tun, wenn etwas nicht klappt: Wir wiederholen das, was nicht geklappt hat noch einmal in der verqueren Annahme, dass es jetzt, im zweiten Anlauf doch noch hinhauen könnte. Als dies nicht der Fall ist, versucht sie es ein drittes und sogar ein viertes Mal.

Leider haut es mit dem Verbot immer noch nicht hin. Und doch passiert etwas. Merle wird unsicher. Auch Bandit wird unsicher. Irgendwie sieht er traurig aus, denkt Merle und streichelt ihm über den Kopf. Bandit zuckt ein ganz klein wenig zurück. Merle wird noch unsicherer. Ist ihr Ansatz richtig? Macht man das so? Warum hat Bandit gezuckt? Merle weiß zwar, dass Stuhlbein-Anknabbern für Bandit ein Tabu bedeuten sollte, sie weiß aber nicht, wie sie es ihm so sagen kann, dass er es auch versteht, und vor allem, dass er auch danach handelt. Sie hat nicht die Kraft, ihren Standpunkt so zu vertreten, dass Bandit ihn ihr abnimmt. Sie hat Angst, Bandit könne dabei Schaden nehmen, ihre Beziehung könne leiden, ihre Bindung könne beeinträchtigt werden, ihre Zuneigung zueinander könne sich von jetzt auf gleich in Luft auflösen. Außerdem: Was ist schon ein angeknabbertes Stuhlbein gegen einen glücklichen Hund?! Ehe sie jetzt etwas falsch macht, macht sie lieber gar nichts. Dass aber nichts tun genau das sein kann, nämlich das Falsche zu machen, kommt ihr dabei gar nicht in den Sinn.

Und wie sieht es Bandit? Bandit sieht, wie Merle zögert. Zunächst zögert er auch, dann ist er verunsichert. Knabbern oder nicht knabbern, was denn nun? Merle's Nein klang ein bisschen wie ein Ja oder ein Vielleicht – jedenfalls schien sie sich nicht sicher. Holger hatte ja schließlich auch nichts gesagt …

Spencer knabbert auch etwas an, noch dazu einen schönen alten Ledersessel. Die Begeisterung über das angeknabberte Möbelstück hält sich auch bei Spencers Familie in engen Grenzen. Als Thorsten jedoch Spencer in flagranti dabei erwischt, spricht er einen ernsten Verweis aus, schnappt sich den kleinen Kerl und setzt ihn ohne weiteren Kommentar in den Flur. Dann geht er zurück ins Wohnzimmer, schließt hinter sich die Tür und lässt Spencer alleine im Flur zurück. Spencer denkt kurz nach. Schlecht gelaufen. War das denn wirklich so schlimm mit dem Sessel? Offenbar schon, sonst säße er nicht hier.

Als sich die Tür wieder öffnet, geht Spencer erneut auf den Sessel zu, nur um mal zu schauen, ob der seinen Leuten wirklich so wichtig ist und ob das Verbot immer noch gilt. Diesmal fällt ein Buch recht geräuschvoll zu Boden. Spencer erschrickt und zuckt vor dem Sessel zurück. Er denkt wieder nach. Irgendwie wird das nichts mehr mit dem Sessel. Schade, hat echt Spaß gemacht. Spencer sieht ein wenig bedrückt aus. Er sieht nicht nur so aus, er ist es. Sein betrübter, fast „trauriger" Blick wandert zu Petra, die nur einmal kurz aufschaut und sich dann gleich wieder dem Stapel Papieren auf ihrem Schreibtisch zuwendet. Thorsten und Petra lassen sich von dem plötzlich „traurigen" Hund nicht weiter beeindrucken, sondern fahren mit ihren jeweiligen Beschäftigungen unbeirrt fort. Sie verhalten sich also abgegrenzt. Spencer sitzt noch ein wenig unschlüssig herum, ehe er wie zufällig wieder an dem schönen Sessel vorbeidudelt und en passant nunmehr leicht gehemmt und sehr viel vorsichtiger seine Zähne noch einmal an dem guten Stück versucht. Nun reicht ein knappes, aber deutliches „Lass es!", um Spencer endgültig vom Projekt „Sessel zerfleddern" abzubringen. Er sitzt noch ein wenig herum, dann lässt er sich seufzend auf den Boden fallen und schließt die Augen. Ganz schön anstrengend, das Leben!

Warum hat Spencer jetzt gelernt, dass Anknabbern von Möbeln nicht okay ist, Bandit dagegen nicht?

Petra und Thorsten handeln beide sofort, sicher und unaufgeregt. Das Anknabbern des Sessels ist für sie keine Katastrophe, noch ist es mit sonderlich vielen Gefühlen verbunden. Sie sind weder wütend noch werden sie von Schuldgefühlen geplagt. So etwas kommt vor und Spencer muss nun lernen, dass so etwas nicht geht. Als Spencer sie traurig anschaut, werden sie nicht unsicher in ihrem Handeln – schließlich kennen sie das von ihren Kindern. Die haben auch immer diesen leicht melancholischen, gelegentlich auch enttäuscht-wütenden Blick drauf, wenn ihnen ein Wunsch, beispielsweise der nach Süßigkeiten, nicht erfüllt wird. Petra und Thorsten wissen, dass ihre

Beziehung, ihre Bindung und ihre Liebe zu den Kindern und umgekehrt nicht wegen einer Tüte Gummibärchen auf dem Spiel steht. Ganz im Gegenteil, wenn dem so wäre, dann wäre es um ihre Beziehung, um ihre Bindung und um ihre Liebe und Zuneigung zueinander schlecht bestellt! Sie handeln also klar und eindeutig und sie handeln ohne Wut. Sie wollen Spencer nicht vermitteln, wie schlimm, verwerflich und kostspielig sein Verhalten ist, sondern lediglich, dass „Sessel anknabbern" bei ihnen nicht erwünscht ist. Und weil sie im richtigen Augenblick ein deutliches Verbot aussprechen, kann Spencer schnell begreifen, was gemeint ist. Petra und Thorsten handeln also zuverlässig so lange, bis sich bei Spencer ein Lernerfolg eingestellt hat. Damit ist das Thema vom Tisch.

Als Bandit erwischt wird, sieht er als erste Reaktion einen offenbar wütenden Holger, der aber nichts sagt, sondern zu Merle läuft. Merle wiederum fühlt sich nun unter Druck, die Angelegenheit mit Bandit irgendwie zu regeln. Das erste Problem ist also das Timing – Merle kommt viel zu spät. Und das zweite Problem ist, dass Merle sich nicht sicher ist, wie sie es Bandit sagen soll. Deshalb schwingt in ihrem „Nein!" ein leises, aber doch hörbares „Ja" mit. Merle verhält sich ambivalent und Bandit spürt diese Unsicherheit und den Zwiespalt, in dem sich Merle befindet. Als er in der Folge ebenfalls unsicher reagiert, verstärkt dies noch Merles Unsicherheit. So bedingen sich ihre Verhaltensweisen schlussendlich gegenseitig, ohne dass es zu einer Klärung gekommen wäre. Beide sind sich nicht ganz sicher. Das hinterlässt bei beiden ein mulmiges Gefühl.

Hier wird bereits der Grundstein für Bandits Orientierungslosigkeit gelegt. Wem vertraue – und in der Folge: wem gehorche – ich denn? Etwa jemandem, der selbst nicht weiß, was er will?

UNTERWEGS – WER BIN ICH UND WOHIN WILL ICH GEHEN?

PLÖTZLICH KEIN WELPE MEHR: DER JUNGE HUND

Fast unmerklich hat er sich verändert, unser kleiner Welpe. Er sieht zwar immer noch etwas unfertig aus, die Nase zu lang, die Ohren zu groß, die Füße sowieso, die Beine zu schlaksig. Wie ein Storch im Gras stakst er durch die Wohnung und hat ganz offensichtlich seine endgültige Form noch nicht so ganz gefunden. Aber ein kleiner, plüschiger Welpe, der dauerhaft staunend durch die Gegend tapst, ist er schon lange nicht mehr. Er ist jetzt ein junger Hund, ein Junghund also. Ist er nur körperlich in die Höhe geschossen oder hat sich auch sonst noch etwas verändert?

Eine ganze Menge hat sich verändert. Als Welpe ging er Probleme noch spontan aus dem Augenblick heraus an, er tat es wenig gerichtet, sondern eher spielerisch. Das wirkte manchmal ein wenig planlos, dann wieder verschwommen, und oftmals entsprach es auch nicht dem, was die Situation eigentlich erforderte. Der Welpe wurde ständig vom Leben überrascht und streckte sich mit allen Sinnen nach ihm aus, um es zu erkunden. Dabei ging er nicht zielgerichtet und nach einem ausgeklügelten Plan vor, sondern widmete sich voller Begeisterung und sehr intensiv dem, was gerade so des Weges kam. Alles war interessant, alles war weltbewegend. Neugier und die pure Lust am Leben waren die beiden Triebfedern dieser Phase.

Auch der Junghund ist lebhaft, neugierig und impulsiv. Wirkte ein Problemlösungsverhalten („Wie komme ich an das Schnitzel auf dem Küchentisch?") beim Welpen noch sehr diffus und ungerichtet, wird ein junger Hund die Sache ernsthafter, beharrlicher und überlegter angehen. Sein Verhalten ist gerichteter, zielorientierter, sinnvoller. In diesem Lebensabschnitt wird das, was in der Sozialisierungsphase gelernt wurde, ins wirkliche Leben übertragen. Noch ist das Handeln des Hundes nicht umsichtig und erwachsen, aber es ist ganz offensichtlich auf dem Weg dorthin.

Die Möglichkeiten eines Junghundes sind um einiges zahlreicher als die, die ihm als Welpen zur Verfügung standen. Seine Körperbewegungen sind jetzt dank der ausgiebigen Spielphasen mit Artgenossen sehr viel koordinierter, die Verschaltungen im Gehirn bereits ausgeprägter und somit gefestigter. Die besseren Möglichkeiten nutzt der junge Hund, um seinem jetzigen Hauptinteresse nachzugehen, der sozialen Exploration, also der genauen Erkundung, Einschätzung und Einordnung seiner belebten Umwelt in Bezug auf sich selbst.

Dies wird gemeinhin als Rangordnungsphase bezeichnet. Welchen Platz nimmt er in dieser Welt ein? Wie ist seine Beziehung zu anderen? Er ist jetzt bereit, eine Menge dafür zu tun, um eine möglichst gute Rolle zu bekommen und sich anderen gegenüber entsprechend darzustellen. Vergleichen lässt sich das ganz gut mit einem Jungen kurz vor der Pubertät, der schon dann und wann mal den Erwachsenen mimt, aber trotz seiner Bemühungen irgendwie doch immer noch als Kind rüberkommt, nicht zuletzt wegen der fehlenden Bartstoppeln.

Die der Junghundphase folgende Pubertät, in der Hormone und Reifung eine noch ganz andere Rolle spielen werden, wird dem Hund dann noch mehr und andere Möglichkeiten der Interaktion und Kommunikation eröffnen, als dies beim Junghund der Fall ist.

WAS IST DAS EIGENTLICH – EIN HUND?

Zugegeben: Diese Frage hätte man auch ganz am Anfang des Buches stellen können. Dennoch ist gerade jetzt kein schlechter Zeitpunkt, sie uns noch einmal in aller Deutlichkeit zu stellen. Wir haben schon gesehen: Der kleine Hund wächst nicht nur körperlich, sondern aus unserem niedlichen Welpen ist auch vom Wesen her ein nicht mehr ganz so niedlicher Junghund geworden. Er duftet nicht mehr so wunderbar, er riecht jetzt nach Hund. Manchmal ist er schon recht frech, und sein Frechsein ist irgendwie nicht mehr so leicht zu entschuldigen, wie das noch bei einem possierlichen Welpen der Fall gewesen war. Zerrt ein kleiner Welpe die Tischdecke quer durch die Wohnung, müssen wir unwillkürlich lächeln. Tut dies ein Junghund, der darüber hinaus seine Beute auch noch bedrohlich knurrend verteidigt, steht sofort die Frage im Raum: Wo in aller Welt soll das enden, wenn er jetzt schon so „dominant" ist?! Da hat sich nicht nur der Hund verändert. Sein Mensch, bis dato dem Charme des Welpen auf der ganzen Linie erlegen, wird plötzlich unsicher. Was der Hund ihm

sagen will, ist ihm schon klar – nur: Wie soll er darauf antworten? Soll er darauf überhaupt antworten – oder soll er das plötzlich so entschiedene Verhalten seines Lieblings einfach ignorieren? Warum macht der Hund das? Der Halter hat doch immer alles mit ihm geteilt, ihn gefüttert und umsorgt, ihm jeden Wunsch von den Augen abgelesen. Weshalb knurrt er denn nun und fletscht sogar die Zähne, weshalb ist er plötzlich so „böse"?

Für viele Hundehalter bricht in diesem Augenblick eine Welt zusammen, die kleine Welt des immer nur glücklichen Miteinanders. Eine Welt, die auf der recht schlichten und grundfalschen Annahme beruht, nämlich der, dass, wenn ich immer nur nett, gut und lieb bin, zwangsläufig auch etwas Nettes, Gutes und Liebes dabei herauskommen muss. In dieser kleinen Welt ist ein drohendes Knurren nicht vorgesehen, schon gar nicht gegen den eigenen Halter. Und Schnappen oder gar Beißen ... das ist schlichtweg außerhalb jeden Vorstellungsvermögens, denn das ist böse.

Darüber hinaus stellt sich die Frage, wie mein Hund mich wahrnimmt, wenn ich immer nur nett, lieb und gut bin. Die Frage kann man sich auch in Bezug auf seine Mitmenschen stellen. Sind das die Menschen, die wir schätzen und auf deren Meinung wir Wert legen? Oder nehmen wir einen dauerhaft lieben, netten, gütigen und immer verständnisvollen Menschen nicht eher als konfliktscheu wahr? Immer nur eine Verhaltensweise – ist das nicht etwas einseitig? Ist das langfristig wirklich glaubwürdig?

Auch für Merle und Holger bricht eine Welt zusammen, als Bandit zum ersten Mal wirklich zubeißt. Bisher hatte er hier und da und dort ein wenig um sich geschnappt, wenn ihm etwas nicht in den Kram passte. Beim Anleinen, das er nicht mochte. Beim Wegnehmen eines Knochens, das er nur äußerst widerwillig geschehen ließ und laut jammerte und fiepte, wenn der Knochen nicht unverzüglich wieder zu seiner Verfügung stand. Wenn er mal von der Couch runter sollte, weil Merle und Holger gemeinsam fernsehen wollten.

Ein bisschen Geknurre, ein bisschen in die Luft schnappen, ein bisschen drohen – nichts Ernstes. Das nervt Merle einerseits, andererseits imponiert ihr seine Durchsetzungskraft.

Als Merle ihm jedoch nach einem langen Spaziergang eine Klette aus dem Ohr entfernen möchte, empfindet Bandit das Ziepen an seinem Fell als unangenehm. Unangenehmes hinzunehmen, hat er nie so recht gelernt, weil ihm fast jeder Wunsch von den Lefzen abgelesen und augenblicklich erfüllt wurde. Also nimmt er es auch jetzt nicht hin, sondern beißt Merle ohne lange Vorwarnung, also auch ohne zu knurren, in die Hand. Das ist neu, dass er nicht knurrt. Ebenso neu ist, dass er wirklich zubeißt.

Merle verschlägt es die Sprache. Der Schmerz ist noch gar nicht in ihrem Bewusstsein angekommen, als sich bereits eine bittere Enttäuschung eingestellt hat. Bandit, ihr Liebling, für den sie alles tut, alles macht, alles stehen und liegen lässt, dem sie keinen Wunsch abschlagen kann noch will, dieser Bandit hat sie gerade in die Hand gebissen. Das muss ein Irrtum sein, das kann gar nicht wahr sein. Und wenn es wahr ist, dann hat Bandit sich irgendwie geirrt. Das hat er nicht gewollt, das passt so gar nicht zu ihm. Er ist doch ein Guter, ein ganz Lieber, er ist doch ihr Bandit!

Ja, er ist ihr Bandit. Aber sie war es auch, die ihm von Welpenbeinen an beigebracht hat, dass sie die Welt für ihn so einrichten wird, dass er darin nach eigenem Gutdünken schalten und walten kann. Verbote waren immer nur Teil einer Übung, einer Methode, nie aber Teil des Lebens.

So auch jetzt. Merle weiß, dass sie in diesem Augenblick, mit der blutenden Hand, unverzüglich handeln müsste. Sie müsste Bandit klar und deutlich sagen, dass sie eine solche Reglementierung und Einschränkung seinerseits nicht hinzunehmen bereit ist. Sie müsste ihm sagen, dass Beißen zwischen Menschen und Hunden in keinster Weise gesellschaftsfähig ist. Sie müsste handeln.

Stattdessen aber steht sie da, entsetzt, unschlüssig was sie tun soll, welche Reaktion ihrerseits die richtige wäre. In der Hundeschule hatte man ihr geraten, sie solle Bandit im Falle unerwünschten Verhaltens ganz einfach ignorieren.

Und das soll Bandit lehren, zukünftig nicht mehr zu beißen? Für ihn aber ist die Sache bereits gelaufen, er hat bereits gebissen und ihre Reaktion ist sein Erfolg. Wenn Merle ihn jetzt, nach dem Biss, ignoriert – soll sie doch. Er hat gesehen, wie sie sich erschrocken hat. Er hat gespürt, wie ratlos sie war. Er hat verstanden, dass sie ihm nichts entgegenzusetzen hatte.

Und er hatte daraus bereits seine Schlüsse gezogen, noch bevor sie mit dem Ignorieren überhaupt angefangen hatte.

Dennoch, der Rat mit dem Ignorieren gefällt ihr. Er gefällt ihr auch dann noch, als sie schon mit Gewissheit weiß, dass das Nichtbeachten in dieser Situation nicht die erwünschte Wirkung zeigen wird. Denn nichts zu tun, womit sie anecken oder mit Bandit in einen unmittelbaren Konflikt treten muss, fällt ihr leicht. Das kann sie problemlos leisten.

Leider hat Bandit nun gelernt, dass der Einsatz seiner Zähne sehr wirkungsvolle Effekte hervorzaubern kann. Auch Holger wird gebissen, als er Bandit einmal am Halsband festhalten und ins Haus zurückziehen will. Die Verletzung war nicht wirklich schlimm, nur zwei kleine Löcher, aber die Aussage war weder klein, noch war sie nichtig: *DU* fasst mich nicht an!

Die Lähmung seines Gegenübers und sein anschließendes Gewährenlassen – man würde meinen, das käme Bandit entgegen. Kurzfristig gesehen ist es auch so, denn Bandit setzt seine Wünsche jetzt fast ausnahmslos durch. Das ist einerseits eine tolle Sache und bereitet ihm so manchen Höhenflug, andererseits zeigt sich Bandit häufig auch verunsichert und ist in seiner Rolle in vielen Situationen schlicht überfordert. Er muss tagtäglich viele Entscheidungen fällen – und zwar ganz allein. Obwohl er sich durchsetzt, kann er sich nur noch selten entspannen. Ihm wurde eine Aufgabe aufgebürdet, die er eigentlich gar nicht bewältigen kann: seine Umwelt lückenlos zu kontrollieren.

Wir kommen noch einmal zu der Frage zurück: Was ist das eigentlich, ein Hund? Ein Hund ist ein Wesen, das erstens jagt, zweitens aggressiv kommunizieren kann und muss, und das drittens gelegentlich zum Himmel stinkt. Ja, *das* ist ein Hund! Und wenn das ein Hund ist und wenn wir ihn lieben – dann gilt es, genau diese Eigenschaften zu akzeptieren, ja mehr noch: sie vorbehaltlos zu bejahen. Ja, mein Hund ist ein Jäger. Ja, mein Hund kann aggressiv kommunizieren. Ja, mein Hund wälzt sich auch mal in Aas.

Und das ist gar nicht schlimm, sondern das ist gut so!

Aggressives Verhalten ist normal, ja mehr noch, es ist überlebenswichtig. Es gehört demzufolge nicht in den pathologischen, den krankhaften und somit korrekturbedürftigen Bereich. Könnten Hunde sich nicht aggressiv verhalten, könnten wir es nicht, wir wären beide nicht mehr am Leben. Ohne die Bereitschaft, sich und andere zu verteidigen, gäbe es keine sozialen Lebewesen, keine Familien, Gruppen, Gesellschaften. Wie Konrad Lorenz es – im Hinblick auf die Brutpflege – so trefflich formuliert hat: „Wohl gibt es Aggression ohne Liebe, aber keine Liebe ohne Aggression."

Dem Anlass angepasstes aggressives Verhalten ist Normalverhalten, Punkt. Und wenn es Normalverhalten, also nicht krankhaft ist, bedarf es keiner therapeutischen Bemühungen, es irgendwie wegzuradieren, nur weil wir Menschen es als so bedrohlich empfinden. Das heißt im Umkehrschluss aber nicht, dass jegliches aggressives Verhalten von Hunden, ob nun Artgenossen oder aber Menschen gegenüber, billigend in Kauf zu nehmen ist. Der bequemen Ausrede bei Hundeauseinandersetzungen, „das müssen die unter sich ausmachen", soll hiermit nicht Vorschub geleistet werden. Es soll damit lediglich gesagt sein, dass ein Knurren als solches kein „böses" Verhalten ist, sondern in der Regel von dem so angesprochenen Gegenüber lediglich ein wenig mehr Distanz einfordert. Dass auch eine lautstarke Auseinandersetzung zwischen zwei Rüden nichts ist, was man unbedingt unterbrechen müsste. Dass aber wiederum das Anknurren von kreischenden Kindern möglicherweise erklärlich, aber dennoch kategorisch nicht akzeptabel ist und dem Hund auch so vermittelt werden muss. Es geht also darum, welches durchaus normale Verhalten des Hundes sich mit unserem Zusammenleben als Menschen vereinbaren lässt. Der Hund muss demnach lernen, kreischenden Kindern nicht hinterherzurennen und sie in die Hacken zu zwicken – aber eine vermeintlich pathologisch erhöhte Aggressivität liegt nicht vor. Aggressive Kommunikation dient Hunden dazu herauszufinden, wer welchen Handlungsspielraum hat, es ist somit unverzichtbarer Teil des Sozialverhaltens.

Ist Spencer nun wirklich der bessere Hund? Der Hund, der nie schnappt, schon gar nicht beißt, nie seine Grenzen auslotet, und der immer nur lieb und fröhlich ist? Auch Spencer versucht herauszufinden, was er darf und was nicht und wie weit er seine Interessen durchsetzen kann. Das ist nicht nur normal, das ist ausgesprochen gesund. Die Welt zu erkunden heißt auch, die eigenen Grenzen zu suchen – und schließlich zu finden.

Auch Spencer hat einmal geschnappt, aus dem Spiel heraus nach einem Jugendlichen aus der Nachbarschaft. Aber er hat Glück gehabt, denn der Junge konnte sich helfen. Ohne groß darüber nachzugrübeln, inwiefern sein Verhalten pädagogisch wertvoll ist oder nicht, hatte er aus dem Bauch heraus Spencer einen Klaps versetzt. Gutes Timing und die richtige Intensität – und Spencer hatte sofort begriffen: nicht gut, nicht lustig, nicht erwünscht. Es geht hier nicht um die Frage, ob ein Klaps eine tolle „Methode" gegen schnappende Hunde ist oder nicht. Es geht nur darum zu zeigen, dass ein klares und eindeutiges Verhalten des Menschen, hinter dem er auch emotional steht, auch ein klares Verhalten des Hundes möglich macht. Die Rollen sind hier verlässlich verteilt und werden genauso kommuniziert. Mit dieser Transparenz kann ein Hund etwas anfangen, diese Aussagen kann er einordnen und sich folglich entsprechend verhalten. Die Beziehung zwischen Mensch und Hund ist also ausschlaggebend, nicht die Maßnahme als solches.

Nun gibt es Leute, die aus Sorge, das spielerische Schnappen des Welpen nach ihrer Hand könne binnen kürzester Zeit zu einer unkontrollierbaren „Eskalation der Gewalt" führen, in vorauseilendem Eifer bereits früh eine Art „Aggressionsprophylaxe" praktizieren. So toben sie beispielsweise nicht wild mit ihrem Hund herum, da das angeblich unweigerlich zu aggressivem Verhalten führe. Wieder einmal wird vergessen, dass es sich bei Handlungen, einschließlich aggressiver Handlungen des Hundes gegenüber Artgenossen oder Menschen um nichts weiter als um ein Gespräch handelt. In einem Gespräch aber bestimmen alle beteiligten Gesprächspartner, wohin die Reise geht. Es kommt also gar nicht so sehr auf das vermeintlich bedrohliche Verhalten des Hundes an, sondern mindestens in gleichem Maße auf die Antwort, die diesem Verhalten erteilt wird. Hunde untereinander lernen früh und schnell, dass ein übermäßig aggressives Verhalten Konsequenzen hat. Von Spielabbruch bis hin zu selbst gebissen werden ist alles möglich. Diese nicht sehr angenehmen Erfahrungen werden abgespeichert und bei nächster Gelegenheit wieder aus der Erinnerung abgerufen. Da es sich aber um unangenehme Erfahrungen handelt, möchte der Hund sie nicht unbedingt wiederholen, besinnt sich also auf Alternativen. Das ist soziales Lernen. Im Zusammenleben von Hunden mit dem Menschen *müssen* wir die Rolle des – oftmals leitenden – Gesprächspartners übernehmen und nicht etwa ängstlich unbeteiligt am Rand stehen in der Hoffnung, dass sich das alles möglichst umgehend in Schall und Rauch auflösen wird.

Aggressionsverhalten wird von Verhaltensbiologen nicht als eigenständiger Funktionskreis gewertet, sondern als Teil des sogenannten Agonistischen Verhaltens kategorisiert. Letzteres wiederum ist im Funktionskreis Sozialverhalten und Kommunikation zusammengefasst. Zum agonistischen Verhalten gehören neben den Verhaltensweisen des Angriffs auch die der Abwehr und der Flucht. Die Verhaltensweisen des Angriffs, der Abwehr und der Flucht stellen in unserem Gehirn ein zusammenhängendes funktionelles System dar – im Gegensatz zu der weitverbreiteten Vorstellung, dass Angriff und Flucht zwei gegensätzliche Pole bilden, die unmöglich etwas miteinander zu tun haben können. Sie haben aber viel miteinander zu tun. Ist mir z. B. die Flucht versperrt, ist Angriff eine naheliegende Option.

Jedem präsent ist das Drohverhalten von Hunden, also das Einnehmen einer Angriffshaltung ohne unmittelbar anzugreifen. Das Drohen, ein aggressives Verhalten, ist demnach lediglich die Ankündigung von möglicherweise unangenehmen Konsequenzen. Dieser Ankündigung liegen, je nach Einschätzung der Situation durch den Hund, zwei Verhaltenstendenzen zugrunde: die des Angriffs und die der Flucht und des Rückzugs. Zu welcher der beiden er sich letztlich entscheiden wird, hängt vom Verhalten seines Gegenübers ab und wie unser drohender Hund dieses einschätzt. Ist es ein Hanswurst, wird unser Hund seine Drohung noch ein wenig deutlicher formulieren, also beispielsweise schnappen. Zieht sich daraufhin der andere zurück oder zeigt sich demütig, wird unser Hund das Gespräch für beendet erklären. Jetzt herrscht Klarheit, man muss keineswegs noch weiterdiskutieren. Nicht selten lösen Hunde solche Situationen auch spielerisch auf und zeigen sich unmittelbar nach einer aggressiven Drohung ihrem Gegenüber vollkommen entspannt. Hunde handeln, klären, und kehren dann zum Alltag zurück, ohne nachtragend zu sein. Wenn es uns Menschen gelänge, unser Aggressionspotenzial so punktuell und effektiv einzubringen, die Welt wäre eine andere!

Noch ein Wort zur viel diskutierten Dominanz, die meist in einem Atemzug mit aggressivem Verhalten genannt wird. Beim Anblick ihres Welpen klingt oftmals ein wenig Stolz mit, wenn die Halter schmunzelnd von seiner „Dominanz" erzählen. Ein ganzer Kerl ist er dann, einer, der auch mal die Zähne zeigt, jawohl. Später wird genau dieselbe „Dominanz" zum Problem, nämlich just dann, wenn die Halter spüren, dass sie dem Verhalten ihres Hundes nichts (mehr) entgegensetzen können oder zumindest ratlos sind, wie das aussehen könnte.

Da so viel von Dominanz geredet wird, noch eine kurze Bemerkung dazu: Es gibt sie nicht. Jedenfalls nicht als Eigenschaft, mit der man geboren wird und die man dann zeitlebens bei jeder sich bie-

tenden Gelegenheit möglichst beeindruckend und lautstark demonstriert. Dominanz ist keine Charaktereigenschaft, sondern bezieht sich auf das Verhalten in einer ganz bestimmten Situation. So kann beispielsweise ein Mensch, der anderen einen komplizierten Sachverhalt erklärt, in genau dieser Situation dominant sein – also dominant jenen gegenüber, die ihm fasziniert zuhören. Sucht dieser Mensch jedoch aufgrund seiner schlechten Befindlichkeit einen Arzt auf, ist es vermutlich Letzterer, der sich im Gespräch mit dem Patienten dominant, sprich federführend, verhalten wird.

Dominantes Verhalten ist also kein Persönlichkeitsmerkmal, sondern ist von der jeweiligen Situation abhängig und wird von dieser bestimmt. Obwohl in dem Wort etwas Unangenehmes, ja fast Anstößiges mitschwingt, geht es bei dominantem Verhalten nicht unbedingt um das Durchsetzen von egoistischen Zielen, sondern im Gegenteil um Führungsqualitäten. Dazu gehören das Ergreifen der Initiative, das Schlichten von Auseinandersetzungen und das Beschützen von Schwächeren. Um diese Rolle auszufüllen, bedarf es der Erfahrung, der Intelligenz und einer guten Portion sozialen Geschicks.

Sicherlich gibt es Hunde, die es besser gelernt haben, ihre Interessen durchzusetzen als andere. Doch auch diese sind nicht per se dominant, sondern sie verhalten sich lediglich in dieser oder jener Situation dominant. Meine Persönlichkeit, mein Auftreten, meine Präsenz als Halter sind also ausschlaggebend dafür, wie „dominant" mein Hund sich mir gegenüber beziehungsweise in meiner Gegenwart benimmt. In anderen Worten: Damit sich einer dominant verhalten kann, muss es zwingend einen anderen geben, der diese Dominanz als ebensolche anerkennt.

DER GROSSE KICK: JAGEN MACHT GLÜCKLICH

Es gibt noch eine Verhaltensweise, die den Hundehaltern jetzt öfters Probleme bereiten wird: Ihr Hund macht die ersten, anfangs noch ungeschickten Versuche zu jagen. War es im Welpenalter noch ein ungerichteter, plötzlicher Bewegungsausbruch in Richtung flatternder Tauben am Straßenrand oder auffliegender Blätter über dem Bürgersteig, begleitet von übertriebenem Gehopse und immer wieder großem Erstaunen, sobald die Tauben aufflogen und das Weite suchten und die Blätter wieder reglos auf dem Gehweg lagen, beobachtet man nun Verhaltensweisen wie ausdauerndes Fixieren, geducktes Anpirschen und eine plötzliche, gezielte Bewegung in Richtung Beute. Der kleine Hund hetzt jetzt schon mal einem Kaninchen hinterher oder buddelt mit äußerster Entschlossenheit eine Maus aus ihrem Loch. Auch werden die Kreise größer, die der junge Hund um seinen Menschen zieht. Er kennt die Welt jetzt schon ein wenig, kann sie einschätzen und traut sich deshalb zu, sich fortschreitend weiter von dem ihm Sicherheit bietenden Menschen zu entfernen.

Bandit jagt ebenfalls, allerdings hat er es auf Jogger, Radfahrer und Autos abgesehen. Gut trainiert durch fast tägliches und ausdauerndes Ballspiel weiß er, wie man einen schnellen Gegenstand hetzt und schließlich erfolgreich erjagt, ergo mit den Zähnen festhält. Jogger und Fahrradfahrer sind schnell und sie haben oft Angst – eine unschlagbare Kombination, die Bandit zu Höchstleistungen antreibt. Bisher hat er noch keinen Jogger gebissen, aber er rennt ihnen hinterher, springt laut bellend um sie herum und schnappt dabei in die Luft. Auch hier hat sich Merle Rat bei einem Hundetrainer geholt. Diesmal soll sie das unerwünschte Verhalten nicht ignorieren, sondern sie soll Bandit mit etwas Interessantem vom Jogger schon dann ablenken, wenn er diesen noch gar nicht entdeckt hat. Merle hat auf Spaziergängen immer ein Quietschie mit dabei, mit dem sie zuverlässig Bandits Aufmerksamkeit einfordern kann. Merle sieht den

Jogger, ruft mit hoher Falsettostimme den Namen ihres Hundes und drückt auf das bereits vorsorglich bereitgehaltene Spielzeug in ihrer Hand. Das Quietschie quietscht. Bandit rast auf Merle zu und will das Ding haben. Der Jogger läuft in einiger Entfernung an ihnen vorbei. Merle ist stolz, es hat geklappt.

Stimmt das? Was hat geklappt? Hat Bandit wirklich gerade gelernt, Joggern nicht mehr hinterherzuhetzen? Oder hat er gelernt: Wenn Merle ihn mit dieser merkwürdig hohen Stimme ruft, gibt es entweder das Quietschie oder aber Futter. Mit etwas Pech könnte er allerdings auf diese Weise auch etwas ganz anderes gelernt haben: Immer wenn Merle so komisch ruft und mit dem Spielzeug quietscht, ist der Jogger nicht weit. Solange ihm das Spielzeug oder das Leckerli wichtiger ist als der Jogger, mag man diese Ablenkungsmanöver als „erfolgreich" bezeichnen – aber was bringt das alles in dem Augenblick, in dem Bandit entscheidet (und es ist inzwischen so, dass ausschließlich Bandit entscheidet, nicht Merle!) auf Futter und Spielzeug zu verzichten, und lieber dem Jogger hinterherzurennen?

Das gerichtetere Jagdverhalten entwickelt sich bei Hunden mit ungefähr einem halben Jahr, also grob gesprochen etwa zeitgleich mit den ersten Vorläufern der Pubertät und der geschlechtlichen Reife. Allerdings weisen die einzelnen Rassen große Unterschiede sowohl im Zeitpunkt der Reife als auch in der Intensität und Ernsthaftigkeit auf. Kleinere Rassen entwickeln sich insgesamt und somit auch im Hinblick auf das Jagen früher als größere oder gar sehr großrahmige Rassen. Quirlige Terrier gehören in der Regel hier zu den Ersten, die durchs Ziel laufen, behäbige Neufundländer bilden diesbezüglich eher das Schlusslicht.

Und plötzlich ist er weg. Noch nicht wirklich weit und noch nicht wirklich lange, aber zum ersten Mal wirklich außer Sichtweite. Wer jetzt auf die von ihm ausgebildeten sozialen Fähigkeiten des Hundes zurückgreifen kann, kann cool bleiben. Der Hund kennt seinen Namen und er hat gelernt, was „Komm“ bedeutet. Das wäre der erste Schritt. Der jetzt aber notwendige zweite Schritt ist, dass der Hund nicht nur weiß, was „Komm“ bedeutet, sondern dass er tatsächlich kommt. Häufig tut sich hier zwischen Anspruch und Wirklichkeit ein recht tiefer Graben auf. In der Hundeschule wurde Sitz-Platz-Fuß geübt und im Austausch gegen ein Leckerli auch recht zuverlässig ausgeführt. Auch der Rückruf wurde geübt und ebenfalls im Austausch gegen ein Leckerli recht zuverlässig ausgeführt. Doch jetzt, wo der kleine Kerl weg ist, scheint er die Bedeutung des „Komm!“ nicht mehr zu kennen. Das Letzte, was man von ihm sah, war ein immer kleiner werdender Punkt auf dem Weg zum Horizont.

Was macht jetzt der Mensch? Er raschelt mit der Tüte. Das hat immer funktioniert, da ist er immer gekommen. Das Knistern jedoch verhallt, ohne dass sich etwas tut. Es ist sehr still, der Mensch lauscht angestrengt. Wo könnte er sein? Warum kommt er nicht?

Er kommt nicht, weil ihn etwas bewegt, das er viel spannender findet als ein Leckerli. Ohnehin nicht gerade vom Fleische fallend, kann er darauf vorerst verzichten – nachher auf dem Sofa gibt's ohnehin wieder Nachschub. Und er kommt nicht, weil er die Aufforderungen seines Menschen nicht ernst nimmt, sondern lieber selbst entscheidet, was richtig und was falsch ist. Und schließlich kommt er nicht, weil er zwar gelernt hat, was man bei der Aufforderung „Komm!“ machen soll, das prompte Herankommen aber von seinem Menschen seinerzeit zunächst in einer ganz unverfänglichen Übungssituation nicht durchgesetzt wurde. Das heißt, das Kommen wurde immer belohnt – das Nichtkommen bestenfalls ignoriert, schlimmstenfalls auch bei verzögerter Ausführung doch noch belohnt („Aber er ist doch gekommen, dafür muss ich ihn doch loben!“), auf keinen Fall jedoch bestraft.

Strafe macht Angst, eine logische Folgerung?
Ein schwieriges Thema, Strafe. Woran denken wir, wenn wir das Wort hören? An schlagen, treten, züchtigen? Woran denken wir bei dem Wort durchsetzen? An Zwang, Gewalt, an Wut und Unbeherrschtheit?

Strafe kann aber ganz einfach nur sein, dass ich meinen kleinen Hund, der nicht kommt, von dem Baumstamm abhole, an dem sich seine Nase gerade wie mit Sekundenkleber fixiert festgesaugt hat. Ich begrüße ihn weder freundlich noch unfreundlich, sondern leine ihn kommentarlos an und gehe in die Richtung, in die ich ohnehin gehen wollte. Das ist eine Strafe, lerntheoretisch gesehen. Strafe bedeutet nicht nur, dass etwas Unangenehmes hinzugefügt wird, sondern auch, dass etwas Angenehmes – hier die Baumstammlektüre – entzogen wird. Auch für den Hund, dem Theorien ziemlich schnuppe sind, ist es eine Strafe. Der Baumstamm ist besonders interessant, viele seiner Kollegen haben dort eine Nachricht für ihn und andere vorbeikommende Hunde hinterlassen. Ausgerechnet als er sozusagen mitten im Satz dieser spannenden Lektüre ist, hört er wie aus einer anderen Welt das ihm wohlbekannte Wörtchen „Komm!" Das kann doch nicht wahr sein, denkt unser Hund, doch nicht jetzt! „Bin grad beschäftigt", signalisiert er in die Richtung der Stimme, indem er ihr sein Hinterteil hindreht. „Kleinen Moment noch, bin gleich da. Muss hier nur noch den Krimi zu Ende lesen."

Wenn man jetzt unseren kleinen Hund den Krimi zu Ende lesen lässt und geduldig abwartet, bis er wieder eintrudelt, ihn dann auch noch freundlich empfängt und diese Freundlichkeit durch eine kleine Futtergabe unterstreicht, dann braucht man sich später, wenn er als junger Hund wirklich mal weg ist, eigentlich nicht zu wundern. Denn unser Hund hat nicht nur nicht gelernt, auf Zuruf zu kommen. Er hat darüber hinaus noch etwas ganz anderes gelernt, nämlich auf Zuruf *nicht* zu kommen. Dumm gelaufen.

Ganz abgesehen davon ist Erziehung ein Prozess, und zwar ein fortlaufender. Ein kleiner Hund ist also nie „fertig erzogen". Er fragt immer noch mal nach, ob eine gestern getroffene Vereinbarung auch heute noch Bestand hat. Ein junger Hund (ein älterer aber auch!) sucht nach Lücken, die ihm nützlich sein könnten. Das ist nicht nur intelligent, sondern hat sich über die Jahre und Jahrtausende als ausgesprochen sinnvoll erwiesen.

Es gibt natürlich viele Situationen, in denen es mit der oben beschriebenen „negativen Strafe" (Entzug von etwas Angenehmem) nicht getan ist, sondern in der positiv bestraft werden muss. Das heißt nichts anderes, als dass einem unerwünschten Verhalten etwas Unangenehmes folgt. Zum Beispiel klaut unser Hund im Vorbeigehen auf der Straße einem kleinen Kind das Eis aus der Hand. Man könnte nun den Hund kurz unterbrechend ins Fell zwicken oder einen Unmutslaut („Na!") ausstoßen. Der Hund lässt das Eis fallen, der Mensch hat den Vorfall eindeutig als unerwünscht kommentiert. Die Handlung (das Zwicken oder das Unmutsgeräusch) unterbricht das Vorhaben Eis klauen, der Hund begreift, weil der Mensch sofort, klar und eindeutig sein Verhalten kommentiert hat. Unmittelbar nach diesem kleinen Zwischenfall laufen Mensch und Hund entspannt weiter. Sie hatten eine klitzekleine Diskussion, der Hund hat begriffen, der Mensch hat sich klar und verständlich durchgesetzt. Die Stimmung ist gut.

Noch eine Bemerkung zum Thema durchsetzen. Eine Bestrafung findet nicht im luftleeren Raum statt, sondern zwischen zwei Lebewesen, hier zwischen dem Hund und seinem Halter. Sie findet also innerhalb eines sozialen Gefüges statt. Einem Gefüge, in dem sich beide kennen und auch um die Rolle des jeweils anderen wissen. Es geht also um eine Beziehung. Daher spielt es auch keine große Rolle, WAS der Halter jetzt tut, sondern dass ER es tut. Also nicht WAS, sondern WER. Damit eine Strafe überhaupt sinnvoll, sprich wirkungsvoll sein kann, muss die Rolle des Halters gegenüber dem

Hund zuvor klar kommuniziert sein. Je klarer diese Strukturen für den Hund erkennbar sind und je ernster der Hund den Menschen im Guten wie im Schlechten nehmen kann, desto besser kann er auch eine Bestrafung dem jeweiligen Kontext zuordnen und entsprechend sinnvoll verarbeiten.

Aber schadet das nicht der Bindung? Der Hund muss doch erst Vertrauen zu mir aufbauen! Wenn er mich jetzt so negativ erlebt, könnte er Angst vor mir bekommen. So und ähnlich lauten die Befürchtungen vieler Welpen- und Junghundbesitzer. Es ist hier allerdings eher der Mensch, der Angst bekommen hat. Angst davor, etwas falsch zu machen. Angst davor, den Hund zu entfremden. Angst davor, dass der Hund ihn nicht mehr liebt.

Da ist sie wieder, die Hoffnung auf Freundschaft. Eine Freundschaft, für die wir alles tun würden, damit sie wahr wird. Die Bilder in unseren Köpfen sind Bilder von Liebe, Zärtlichkeit, Harmonie und inniger, ja bedingungsloser Freundschaft. Aber Freundschaft stellt Bedingungen, oftmals sogar recht harte. Damit Freundschaft gedeihen kann, müssen Konflikte angesprochen und im Sinne eines harmonischen Zusammenlebens gelöst werden. Freundschaft heißt eben nicht, immer nur lieb sein und nur keinen Ärger. Freundschaft heißt Ärger, doch auf eine Art und Weise, dass daraus genau das entstehen kann, wonach wir uns alle sehnen: Liebe und Zärtlichkeit und Harmonie und innige Vertrautheit.

Aber zurück zu unserer Ausgangsfrage: Wenn ich nun meinem Hund, der beispielsweise während eines Spaziergangs einen mir entgegenkommenden fremden Menschen frontal anspringt, deutlich meine Missbilligung vermittle, indem ich ihm nicht „nur" verbal ein meist ungehört verpuffendes „Nein!" hinterherbrülle, während ich dem Mann mit dem schmutzigen Mantel ein devotes „Das macht er sonst aber nie" zuhauche, sondern ihn als unterbrechende Maßnahme kurz ins Fell zwicke und ihm dann meine räumliche Nähe (übersetzt: „Lass das und komm ran") anbiete – setze ich damit unsere Freundschaft aufs Spiel?

Nein, im Gegenteil. Damit aber mein Hund das von mir Gewünschte daraus lernen kann, müssen einige Voraussetzungen erfüllt sein: Ich muss das Vertrauen meines Hundes genießen, und mein Hund muss sich auch in anderen Situationen gerne an mir orientieren. Sich orientieren aber heißt nichts anderes, als das eigene Verhalten von dem eines anderen abhängig zu machen. Tut nun mein Hund auch sonst so ziemlich immer das, wonach ihm – und nicht mir – der Sinn steht, wird er meine Unterbrechung nicht als solche werten, sondern ganz einfach nicht ernst nehmen. Ins Fell greifen als toller Tipp, wie mache ich es richtig, ist also wenig hilfreich. Es ist nicht die Handlung als solche, die das gewünschte Resultat zeitigt. Vielmehr muss diese Handlung in einem sozialen Gefüge verankert sein, um vom Hund sinnvoll gedeutet werden zu können. *Nur wenn die Beziehung stimmt, können diese Art von Strafen ihr Ziel erreichen, nämlich dem Hund etwas zu untersagen, ohne sein Vertrauen zu erschüttern* (darüber hinaus gibt es durchaus Strafen, die unabhängig von einer Beziehung wirken – beispielsweise eine Rasseldose, die ausgerechnet in dem Augenblick scheppernd vor mir auf den Boden fiel, als ich das Schnitzel vom Teller geklaut hatte).

Darüber hinaus ist es wichtig, dem Hund zu zeigen, dass meine Maßnahme sich auf sein Verhalten, nicht jedoch auf ihn als Ganzes bezieht. Ich finde nicht urplötzlich meinen Hund nicht mehr in Ordnung, sondern lediglich sein in diesem Augenblick gezeigtes Verhalten. Ich bin ergo nicht wütend und ungehalten, da ich seinen Ungehorsam nicht als persönlichen Angriff werte. Wir diskutieren hier lediglich darüber, dass sein eben gezeigtes Verhalten nicht okay ist, mehr nicht. Bei dieser Diskussion geht es um die Sache an sich und nicht um unsere Liebe und Zuneigung zueinander – denn diese ist in keinster Weise betroffen.

Untersuchungen an frei lebenden Haushunden haben gezeigt, dass aggressive Kommunikation eben keinen Bindungs- und Vertrauensverlust zur Folge hat (Sandra Fischer). Ganz im Gegenteil: Wird ein

Hund der Gruppe von einem anderen reglementiert, indem er beispielsweise von diesem gezwickt wird, sucht er meist unmittelbar im Anschluss daran den Kontakt zur Gruppe – allerdings nunmehr in demütiger Körperhaltung. Indem der Hund Demut signalisiert, kommuniziert er gleich zwei Dinge: dass er die Reglementierung begriffen hat, und darüber hinaus bittet er so um freundliche Wiederaufnahme in die Gruppe. Er sucht also nicht das Weite oder hat plötzlich „Angst" vor seinen Gruppenmitgliedern. Ganz im Gegenteil, er sucht ausdrücklich ihre Nähe und das Gespräch mit ihnen. Auf seine deutlich gezeigte demütige Haltung hin wird ihm in aller Regel die so erbetene Wiederaufnahme in die Gruppe gewährt. Mehr noch: Der Konflikt ist ausgestanden, die Stimmung ist neutral oder gut, auf jeden Fall sind ihm die anderen Hunde weder gram oder zeigen sich nachtragend. Nachtragend, beleidigt oder enttäuscht zu sein, sind typisch menschliche Verhaltensweisen und Hunden in dieser Form wohl eher fremd. Hunde kommunizieren in einem Konflikt schnell und deutlich, um ihn bald danach als beigelegt zu betrachten. Wenn wir also unseren Hund, auf welche Weise auch immer, reglementieren, ist es wichtig, auf seine demütige Haltung hin die Situation sofort wieder zu entspannen, also ihm gegenüber ein neutrales oder auch positiv entspanntes Verhalten zu zeigen. Die Beantwortung bzw. Bestätigung seines geänderten Verhaltens gehört zwingend zu diesem „Gespräch" mit dazu und wird leider häufig versäumt.

Noch eine kurze Bemerkung zum Thema Demut. Für viele hat das Wort ein wenig den Beigeschmack des vorauseilenden Gehorsams und der Unterwürfigkeit im Sinne von Buckeln, Sich-anbiedern, um einen Vorteil schleimen. Für Hunde aber ist es ein ganz normales Verhalten, das dazu dient, Konflikte zu lösen. Der eine macht eine Ansage, der andere fügt sich – allerdings ohne sich deswegen die nächsten zehn Jahre klein und minderwertig fühlen zu müssen. Im Gegenteil: Der Konflikt ist ausgestanden, nun kann man sich wieder auf Augenhöhe begegnen.

Von Hundehaltern wird häufig eine demütige Haltung des Hundes mit einem entsetzten „Jetzt hat er Angst vor mir!“ kommentiert. In der Tat weisen die demütige und die ängstliche Körpersprache viele Ähnlichkeiten auf, unterscheiden sich jedoch in einer Hinsicht grundlegend. Ein Hund, der vor mir Angst hat, wird den Abstand zu mir unbedingt vergrößern wollen (im Sinne von: Nichts wie weg hier!). Ein Hund aber, der sich mir oder anderen Hunden gegenüber demütig zeigt, geht gleichzeitig auf mich oder die anderen Hunde zu, verringert also den Abstand (im Sinne von: Hey, ich habe verstanden – nimm/nehmt mich wieder bei dir/euch auf).

Als erste Reaktion auf eine Ansage kann der Hund sich schon einmal von mir entfernen, und genau das tun viele auch. Doch auch jetzt befinden sich Hund und Halter weiterhin mitten in einem Dialog! Der Mensch sollte nun nicht weiter körpersprachlich in der Stimmung der vorhergehenden Handlung verharren. Er muss jetzt reagieren, sprich dem Hund ein mögliches Herankommen nicht durch blockierende Körpersprache unmöglich machen. Das geschieht bei uns Menschen häufig: Wir schauen den Hund noch minutenlang missmutig an und der Hund denkt sich, lieber nicht.

Zurück zu unserer ursprünglichen Frage: Folgt einer Strafe, in welcher Form auch immer, zwangsläufig ein ängstliches Verhalten? Nein, denn Angst wird durch diffuse Bedrohungen ausgelöst und ist ein bedrückender, oftmals lähmender Zustand. Hunde sollten also keine Angst vor ihrem Menschen haben müssen. Aber sie dürfen befürchten, dass eine Wiederholung ihres unerwünschten Verhaltens (dem kleinen Kind das Eis aus der Hand zu klauen) eine wiederholte Sanktionierung, also eine wiederholte Strafe, zur Folge haben wird. Vorausgesetzt, die beim ersten Mal erfolgte Strafe war dem Anlass entsprechend angemessen, ist genau das vollkommen in Ordnung. Befürchtungen sind immer auf etwas ganz Bestimmtes bezogen und, im Gegensatz zur Angst, keineswegs diffus, schwammig und unbestimmt. Habe ich mir einmal die Hand an einer heißen

Herdplatte verbrannt, werde ich mich künftig mit Vorsicht, also der Befürchtung, ich könnte mich erneut verbrennen, der Herdplatte nähern. Mein Verhalten ist jetzt, was Herdplatten betrifft, gehemmt. Was aber ganz sicher nicht eintritt ist, dass ich beim Anblick einer Herdplatte vor Angst zu schlottern beginne.

Autorität und Macht

Sigmund Freud und andere Tiefenpsychologen schrieben bereits Anfang des Zwanzigsten Jahrhunderts jedem Zwang eine traumatisierende Wirkung zu und leisteten so der Vorstellung Vorschub, man könne in der Erziehung gänzlich ohne Zwänge auskommen. Seit der dann in den sechziger Jahren des vergangenen Jahrhunderts einsetzenden Rebellion gegen jegliche Form der Autorität hält sich beharrlich der Irrglaube, Autorität erzeuge Angst. Die Vorstellung, man könne das Verhalten des zu Erziehenden ausschließlich durch Einsicht, wohlwollende Motivation und positives Feedback verändern, ist seither gesellschaftlicher Konsens.

Aber erinnern wir uns an unsere Schulzeit: Waren es diejenigen unter den Lehrern, die uns immer hilflos lächelnd entgegenkamen, oder waren es die konfliktfähigen Lehrer, die eine Auseinandersetzung nicht scheuten, die wir von ganzem Herzen mochten, oft sogar bewunderten, auf jeden Fall aber respektierten? Galt unsere Anerkennung und unser Respekt jenen, die unseren Provokationen eher ratlos gegenüberstanden und mühsam um ihre Autorität rangen, oder jenen, die einen klaren Führungsanspruch geltend machten? Waren es nicht die „schwachen" Lehrer, die schlussendlich eher verzweifelt ihre Macht ausübten – die wir aber dennoch nicht ernst nahmen, weil sie weder Authentizität noch Autorität ausstrahlten?

All dies lässt sich auch auf unsere Hunde übertragen. Sie zetteln so diese und jene Diskussion an, um ihren Zielen ein wenig näherzukommen. Sie diskutieren beispielsweise die Frage, ob wir etwas wirklich ernst meinen. Oder ob das, was gestern galt, heute auch noch gilt oder vielleicht doch nicht. Das ist normal, denn wie alle gesellig lebenden Wesen gehört die soziale Exploration, also die aktive Erkundung der eigenen Möglichkeiten innerhalb einer Gemeinschaft, zu einer gesunden Entwicklung zwingend mit dazu. Die Frage ist also nicht, ob sich ein Hund dieses oder jenes herausnehmen darf – das darf er und das muss er! –, sondern wie die Antwort auf sein Verhalten ausfällt. Es ist durchaus mit seiner Würde als Hund vereinbar, wenn diese Antwort ihn dann und wann an einer weiteren Ausweitung seiner Möglichkeiten hindert oder auch beschränkt. Rennt der Hund einem Reh hinterher und ich kann ihn stoppen (was ihm, nebenbei gesagt, überhaupt gar keinen Spaß macht), nutze ich meine ihm gegenüber gewonnene souveräne und berechenbare Autorität. Obwohl er sehr gerne weiter dem Reh hinterherhetzen würde, dreht er ab und kommt zurück. Dabei zeigt er keine Angst. Bewogen zurückzukommen hat ihn aber die Befürchtung, dass es insgesamt nicht so gut für ihn aussieht, wenn er weiter jagen würde.

Wohlwollend und souverän ausgeübte Autorität, sprich Durchsetzungskraft, schafft Verlässlichkeit. Verlässlichkeit schafft Vertrauen. Mein Hund weiß, wie er mich einzuschätzen hat und dass er auf mich zählen kann – in guten wie in schlechten Zeiten.

METHODE UND PERSÖNLICHKEIT – WIE GEHT DAS ZUSAMMEN?

Was versprechen wir uns von einer Methode? Welchen Erfolg soll sie haben? Passt sie überhaupt zu unserem Problem? Gibt es eine Methode für das Leben?

Methoden machen in der Regel sehr umfassende Versprechungen. Sie versprechen, dass wir den Hund bekommen, den wir schon immer gewollt haben. Einen perfekt oder doch zumindest außerordentlich gut erzogenen Hund, der jedes unserer Kommandos sofort und ohne nachzufragen, umsetzt und überall Eindruck schindet. Aber achtet mich mein Hund, wenn ich ihn als etwas betrachte, das ich mit einer „Methode" regeln kann?

Wenn ich Ärger mit meiner Freundin, meinem Freund habe, greife ich dann ins Bücherregal auf der Suche nach der richtigen „Methode", wie das Problem zu lösen sein könnte? Oder noch schlimmer, wie ich es „richtig" lösen kann?

Kann man sozial verträgliche, in sich ruhende Hunde mittels einer Methode erziehen?

Erziehung hat mit einer Methode, also einer bestimmten pädagogischen Herangehensweise, wenig zu tun. In Anlehnung an den dänischen Familientherapeuten Jesper Juul kann man sagen: Methoden sind kalt – Erziehung ist warm. Methoden sind logisch, durchdacht und zielgerichtet – Erziehung aber ist herzlich, manchmal chaotisch und oft direkt aus dem Bauch heraus praktiziert.

Methoden haben mit Erziehungszielen, Erziehung selbst aber hat etwas mit Persönlichkeit zu tun. Also mit Wärme, Herzlichkeit, unmittelbarem und innigem Gespräch und mit Liebe natürlich. In anderen Worten: Erziehung hat mit *mir* als Erziehendem zu tun. *Ich* muss und möchte mich einbringen in den Erziehungsprozess, nicht meine Methode.

Heute jedoch verlegt sich Erziehung immer mehr auf Erziehungsmethoden. Wie mache ich es richtig? Welche Regeln muss ich beachten? Was übe ich wann und wie oft? Wann stellt sich der Erfolg ein? Mache ich auch wirklich keinen Fehler? Alles ist vorgegeben. Der Hund muss sich in diese oder jene Richtung entwickeln. Heute müssen wir das und das lernen. Das und das wiederum macht man so und so.

Warum kann das nicht funktionieren? Weil wir es mit einem Hund und nicht mit einer Waschmaschine („Lesen Sie bitte vor Inbetriebnahme des Hundes zuerst die Sicherheitsvorschriften genau durch!") zu tun haben. Es ist nicht nur naiv, es ist gefährlich, ein Lebewesen wie eine Sache oder einen programmierbaren Apparat zu betrachten (steckst du oben die Mark rein, kommt unten die Schachtel raus). Und weil der Hund zu uns keinen Bezug finden kann, wenn wir uns hinter einer Methode verstecken. Mit einer Methode entscheide ich darüber, wie die Wirklichkeit meines Hundes aussehen soll. In anderen Worten: Ich passe nicht mein Verhalten an die Entwicklung des Hundes an und beantworte die von ihm immer wieder neu gestellten Fragen in meinem Sinne, sondern ich schreibe ihm eine Entwicklung vor, die er zu gehen hat.

Extrembeispiele bei uns Menschen sind Kinder, die schon sehr früh gefordert sind, Höchstleistungen zu erbringen, sei es als Wunderkind auf der Geige oder als Tennisass auf dem Rasen. Das Pendant gibt es auch bei Hunden. Etwas weniger extrem aber grundsätzlich ähnlich ist es, Erziehungsziele genau nach Plan abhaken zu wollen. Heute machen wir Sitz, morgen Platz und übermorgen üben wir Bindung. Das hat weder etwas mit dem Leben noch etwas mit mir zu tun. Eine gute Beziehung oder gar eine innige Freundschaft kann so nicht entstehen. Wenn ich mich selbst als Erziehenden ernst nehme, muss ich mich einbringen – und zwar von ganzem Herzen. Ich muss präsent sein und kann nicht auf der Suche nach dem passenden Ratschlag zum Bücherregal eilen. Das kann und darf ich nicht auf eine Methode abwälzen. *Ich* muss mit dem Hund kommunizieren, nicht etwa mein Lehrbuch. Hunde – genau wie Kinder – durchschauen sofort, wenn nicht ich, sondern ein Plan am Werk ist. Einen Plan aber kann man unmöglich ernst nehmen. Um mit Goethe zu sprechen: „Man merkt die Absicht und ist verstimmt."

DIE PUBERTÄT – EINE ZEIT ZWISCHEN CHAOS UND ORDNUNG

DURCHSTARTEN INS LEBEN

Schnappt man irgendwo das Wort Pubertät auf, könnte man meinen, es handele sich um eine plötzlich auftretende Naturkatastrophe, eine Art tropischer Wirbelsturm, der alles Bisherige fortfegt, nichts als Flurschäden hinterlässt und dem alle Beteiligten vollkommen hilf- und schutzlos ausgeliefert sind. Eine unerfreuliche Phase im Leben anderer, unberechenbar und nicht ganz ungefährlich und irgendwie ungut. Bisherige Erziehungskonzepte (biete Erziehung – bekomme folgsamen Hund) werden über Nacht obsolet. Die Welt gerät aus den Fugen, nichts bleibt so, wie es war – da stellt sich schnell ein mulmiges, befremdliches Gefühl ein: Wohin soll das noch führen?

Wie schade! Denn die Pubertät ist nicht eine Zeit des Mangels (mangelnde Höflichkeit, mangelnder Respekt, mangelnder Verstand), sondern vor allem eine Zeit der Möglichkeiten. Sie kommt auch nicht aus heiterem Himmel, sondern ist lediglich die Fortsetzung bisheriger Entwicklungen, sie hat ihren Sinn und Zweck und sie ist vor allen Dingen unglaublich spannend – für alle Beteiligten.

Jetzt gilt es, ein vormals gegebenes Versprechen einzulösen: Ich liebe dich. „Liebe“ und „Bindung“ während der Welpen- und Junghundephase zu predigen, fällt nicht sonderlich schwer. Doch mein Wort

auch dann noch zu halten, wenn mir der eben noch so süße, plüschige Hund ebenso unvermittelt wie unmissverständlich den Stinkefinger entgegenstreckt, die Ohren auf Durchzug stellt und mir in etwa so viel „Bindung" entgegenbringt, dass sie auch auf dem kleinen Fingernagel Platz fände – das ist schon nicht mehr ganz so leicht hinzubekommen. Der kleine Rüde prollt und mackert hier und da herum, gerät in seinen ersten richtigen Streit mit einem dahergelaufenen Straßenköter, den er sonst keines Blickes gewürdigt hätte, und dass er sich nicht auch noch die Haare gelt und viel zu enge Hosen trägt, ist auch alles. Die kleine Hündin zickt plötzlich ihre beste Freundin an, ist launisch und maulfaul und jede unmittelbare Ansprache prallt wie an einem unsichtbaren Friesennerz an ihr ab. Der verlässliche Rückruf – was war das noch mal? Sitz, Platz, Fuß – noch nie gehört! Der Hundehalter ist verunsichert: Was ist passiert? Ist das eine Krankheit? Habe ich etwas falsch gemacht?

Gerade während der Pubertät aber ist es wichtig, dem kleinen, urplötzlich breitbeinig daherschreitenden Macker oder der zickigen Prinzessin in aller Deutlichkeit vorzuleben, dass man sie trotzdem mag, dass man sie liebt und dass man zusammengehört. Wie auch bei Kindern geht es darum, dem jungen Hund zu sagen: „Hey, du bist zwar etwas neben der Spur, aber ich finde dich okay. Ehrlich."

Das vom Hund gezeigte Verhalten einerseits nicht persönlich zu nehmen, andererseits sich aber als ernst zu nehmende Persönlichkeit immer wieder dem Pubertierenden anzubieten und präsent zu sein – das ist jetzt gefragt. Nur so kann der Hund später, wenn er sich wieder in ruhigeren Fahrwassern bewegt, auf das zurückgreifen, was vor der Pubertät angelegt wurde – sofern es angelegt wurde. *Denn für Erziehung ist es jetzt zu spät, die hat bereits stattgefunden.* Bei Kindern ist es nicht anders: Grob gesprochen schaffen die ersten zwölf bis vierzehn Jahre die Grundlage und die Voraussetzungen dafür, dass sie nach der Pubertät als eigenständige Menschen leben können. Auch der Hund kann auf die klare, verlässliche Linie, die vor der Geschlechtsreife im Hinblick auf sein Sozialverhalten angelegt wurde, nach all den Irrungen und Wirrungen der Pubertät wieder zurückgreifen. Das ist sein Fundament, darauf fußt er, das hält ihn stabil.

Dass es bei der Ausformung dieses Fundaments nicht in erster Linie darum gehen kann, dass der Hund uns liebt, ist angesichts des Lehrplaninhalts eigentlich klar. Konflikte gehören dazu, allerdings solche, die wir zu lösen imstande sind. So manches Mal muss man sich als Erziehender dann fragen: Will ich meinen Hund lieben – oder will ich bei meinem Hund beliebt sein? Beides gleichzeitig ist nicht immer möglich.

PUBERTÄT – WAS IST DAS?

Die Zeit der Pubertät ist die zweite sensible Phase im Leben eines Hundes. Wie die erste sensible Phase, die der Sozialisierung, also der Vergesellschaftung des Welpen gewidmet war, ist auch die zweite dieser Phasen eine Zeit, in der Lernprozesse eine besonders nachhaltige Wirkung haben und für das gesamte spätere Leben von grundlegender Bedeutung sind.

Die hormonelle Reifung löst zahlreiche körperliche und mentale Entwicklungen aus. Im Gehirn finden jetzt tief greifende Auf- und Umbauprozesse statt. Das heißt, dass die Art und Weise, wie bestimmte Funktionsbereiche neuronal miteinander verschaltet sind, sich jetzt auf recht dramatische Weise verändern und neu ordnen. Nicht wenige Menschen erleben die Pubertät als eine Art „zweite Geburt" ihrer Persönlichkeit, die sich jetzt deutlich von dem unterscheidet, wie sie früher als Kinder von ihrer Umwelt gesehen und gewertet wurden und wie sie sich selbst seinerzeit empfunden haben. *Dieser Prozess ist allerdings nicht einer, bei dem eine kindliche Persönlichkeit in etwas anderes, bisher Fremdes übergeht, sondern vielmehr einer, durch den sie immer mehr sie selbst werden.*

Doch nur weil jetzt mit unserem Hund so vieles passiert, muss man selbst nicht auch in Hektik ausbrechen. Hilfe, mein Hund ist taub! Hilfe, mein Hund erweitert seinen Radius! Hilfe, mein Hund macht, was er will! Jetzt ist nicht der richtige Zeitpunkt, um erzieherisch aufzurüsten, mehr zu üben, sich partout durchsetzen zu wollen. Jetzt ist es an der Zeit, Gelassenheit zu leben. Nicht den Hund gängeln, zügeln, reglementieren ist angesagt, sondern ihm die Gelegenheit bieten, eigene Erfahrungen zu machen und eigene Schlüsse daraus zu ziehen. Mein Hund darf mal über die Stränge schlagen, er darf auch mal gemischte Gefühle haben. Mal ist er der große Macker, dann wieder merkt er, dass er es doch noch nicht packt, und lugt etwas schissig hinter meinem Rücken hervor. Sich sexuell definieren, seine Geschlechterrolle finden – ich bin ein Rüde, ich bin eine Hündin – ist gar nicht so einfach. Die eigene Identität ist nicht vorher festgelegt, sie muss über Versuch und Irrtum mühsam gesucht, ausprobiert und schließlich gefunden werden. Menschliche Wärme, Zuneigung und die Akzeptanz dessen, was sich hier vor unseren Augen abspielt, hilft dem Hund, seine neue Rolle zu finden.

DAS GROSSE MÖBELRÜCKEN – WAS PASSIERT JETZT IM GEHIRN?

Obwohl jetzt alles durcheinandergerät im Gehirn, wächst es nicht mehr. Gewachsen ist es bis zur Pubertät und ganz besonders schnell vor der Pubertät, es hat also bis zu diesem Zeitpunkt dem Organismus ein möglichst großes Potenzial zur Verfügung gestellt. Während der Pubertät aber geht es darum, dieses Potenzial für eine optimale Nutzung umzurüsten. Dafür muss es erst einmal geordnet werden, und das heißt, dass auch so einiges, das sich als unwichtig oder unnütz herausgestellt hat, ganz einfach entsorgt wird. Im Gehirn findet nicht nur eine Neuordnung, also ein Stühlerücken statt, sondern auch eine Art Großputz. Es erinnert ein wenig an einen Obstbaumschnitt. Nicht der größte Baum mit den meisten Ästen trägt die dicksten Pflaumen, sondern der ausgelichtete Baum, der von unnötigem Ballast befreit jetzt die besten Früchte hervorbringen kann. Größer heißt also in Bezug auf das Gehirn nicht unbedingt besser. Dem stürmischen Wachstum folgt nun eine Zeit der Auswahl, der Ausdifferenzierung und der Neustrukturierung. Jetzt schaut der Organismus, welche Verbindungen nützlich, ausbaufähig und funktionell wichtig sind. Was als überflüssig, unbrauchbar oder hinderlich bewertet wird, wird entweder entfernt oder aber zurückgestutzt. Die Hypothese ist, dass diesem Prozess ein „Nutz es, oder verlier es“-Prinzip zugrunde liegt, und dass nur die Zellen und Verbindungen, die aktiv genutzt werden, auch überleben und in der Folge gedeihen. Dem stürmischen Wachstum des Gehirns während der Kindheit folgt also die Ausdifferenzierung und Festlegung während der Pubertät und in der Zeit danach. Festlegung bedeutet aber auch immer einen Verlust an Plastizität, an Dehnbarkeit. Einmal festgelegt, sind die Möglichkeiten zur Veränderung nicht mehr so unbegrenzt wie noch vor der Pubertät, vielmehr sind sie jetzt deutlich beschränkt. Was jetzt angelegt und damit auch festgelegt wird, hat unmittelbare Auswirkungen auf das gesamte Leben. Der „Stundenplan" (was wird wann gelernt) beim Erlernen sozialer Fähigkeiten ist von nicht zu überschätzender Bedeutung. Bereits erwähnt wurde die erste sensible Phase, in der ganz dick „Sozialisierung – wie komme ich mit anderen klar" auf dem Stundenplan stand. Fördere ich nun stattdessen ein vermeintliches Talent wie beispielsweise das Jagen meines Welpen, indem ich ihm immer wieder den Bewegungsreiz „fliegender Ball" anbiete, in genau dieser Zeit, verdränge ich damit das, was eigentlich hätte gelernt werden müssen. Leider kann man dieses tragische Versäumnis nicht nachholen. Bestimmte Lerninhalte können nur in bestimmten Phasen gelernt werden und zwar nicht nur, weil Lernschritte aufeinander aufbauen, sondern auch, weil es zeitlich begrenzte Idealzeiträume für das Erlernen bestimmter Fähigkeiten zu geben scheint. Deutlich illustriert wird dies durch das Beispiel einiger Kleinkinder, die infektiös bedingt seit ihrer Geburt an einer Linsentrübung litten. Da seinerzeit die Möglichkeit einer operativen Behandlung nicht gegeben war, wurden sie erst später operiert und konnten nach dem Eingriff, organisch zumindest, sehen. Nur konnten die Gehirne dieser operierten Kinder die optischen Sinneseindrücke nicht entsprechend verarbeiten. Die dafür notwendigen neuronalen Verschaltungen im Gehirn, die optische Signale in Bilder umsetzen, waren in der dafür vorgesehenen Entwicklungsphase nicht angeregt und folglich angelegt worden und somit unwiederbringlich verloren gegangen. Dieses dramatische Beispiel verdeutlicht einmal mehr die Wichtigkeit, bestimmte Entwicklungen zu ganz bestimmten Zeiten zuzulassen.

Fördert man gewisse vermeintliche oder wirkliche Begabungen, so trifft man hiermit immer eine Auswahl und stellt dafür zwangsläufig etwas anderes zurück. Entgegen einer weitverbreiteten Vorstellung liegt im Gehirn nichts brach, sonst würde die Entfernung von Teilen des Gehirns keinerlei Folgen für den Organismus haben. Förderung in einem Bereich geht also immer auf Kosten eines anderen Bereichs – im Falle von sensiblen Phasen kann dies weitreichende und nicht wieder rückgängig zu machende Auswirkungen haben.

So muss ein kleiner Hund während der ersten sensiblen Phase lernen, mit seinen Artgenossen und mit Menschen auszukommen und sich auch in Konfliktsituationen dem Anlass entsprechend zu benehmen und nicht überzureagieren. Hat er eine breite Palette sozialer Fähigkeiten erworben, kann er feinfühlig und differenziert mit anderen kommunizieren.

Kann er wiederum differenziert kommunizieren, bereitet ihm das Zusammensein mit anderen viel Freude und gibt ihm Sicherheit. Er kann mit anderen spielen, rennen, toben oder eng mit ihnen zusammen liegen. Er kann Konflikte schnell und souverän lösen. Hat er aber diese Fähigkeiten, die die Grundlage für ein gesundes Gefühlsleben bilden, nicht gelernt, verkümmern sie. Doch weil niemand, weder Mensch noch Hund, ohne andere leben kann, bleibt die Sehnsucht bestehen. Wenn dann die Pubertät kommt, in der selbstständiges Entscheiden und Handeln und das Finden einer eigenen Identität im Vordergrund stehen, kommt es meist zu Problemen.

Was aber ist die Voraussetzung dafür, dass in der zweiten sensiblen Phase, der Pubertät, auch die Neubewertungen bestehender Verschaltungen und die Umbaumaßnahmen des Gehirns stattfinden können, die jetzt stattfinden müssen?

Hunde – genau wie Kinder – suchen sich die Erfahrungen, die sie für ihre Entwicklung brauchen, selbst. Ihr Erkundungsdrang, ihre Neugier und ihre Lebenslust gewährleisten, dass sie das Richtige zur richtigen Zeit lernen. Wenn man Hunde – genau wie Kinder – an dieser selbstständigen Erkundung ihrer Umwelt hindert, indem man ihnen ständig etwas anbietet, was sie sich nicht selbst gesucht haben, behindert und im schlimmsten Fall verhindert man eine gesunde Entwicklung. Denn nur etwas, mit dem man sich aktiv beschäftigt, hat einen positiven Einfluss auf die Gehirnentwicklung. Am Rand stehen und zuschauen reicht nicht, man muss selbst aktiv beteiligt sein, um daraus nachhaltig seine Schlüsse zu ziehen und diese sinnvoll abzuspeichern.

Um all dies zu gewährleisten, muss ich als Erziehender den Erziehungsauftrag annehmen, statt mich, wenn es ungemütlich wird, klammheimlich aus dem Staub zu machen – in der doch so absurden Hoffnung, die Dinge würden sich später schon irgendwie zum Guten wenden. Diese Rolle als Erziehender anzunehmen, sich den anstehenden Konflikten zu stellen, statt für die Kinder den Fernseher laufen zu lassen, wird die Dinge nicht nur zum Guten wenden – es macht auch Spaß! Wenn es uns gelingt, eine Linie, eine Führung, eine Orientierung herzustellen für unseren Hund, dann wird er uns vertrauen, gerade *weil* wir Konflikte annehmen und sie mit ihm gemeinsam austragen. Bei wem suche ich denn Rat, wenn ich ein Problem habe? Wohin gehe ich, wenn ich orientierungslos bin? Wo suche ich Hilfe? Doch nur bei dem, der selbst mit den anstehenden Themen fertig wird und mir nicht auf der ganzen Linie signalisiert, dass er auch nicht mehr weiterweiß! Habe ich hingegen die Kraft und die Ruhe, auch streitbare Themen mit meinem Hund durchzustehen, kann sich mein Hund durch die Stabilität meiner Person und meiner Rolle an mich anlehnen und mir vertrauen. Meine eigene Sicherheit, Gelassenheit und Souveränität – all das wird über meine Konfliktfähigkeit hinaus hier ebenfalls kommuniziert.

Wie geht es nun bei Merle, Holger und Bandit weiter? Wie wir bereits gesehen haben, setzt sich Bandit so gut wie immer durch, entweder, weil ihm Merle nicht widerstehen kann oder aber weil er zunehmend häufiger seine Wünsche mit Knurren, Schnappen und gelegentlich auch mit „leichten" Bissen verdeutlicht und untermauert. Gleichzeitig macht er durch Fiepen, Bellen, Kläffen, Zerstören klar, dass er beispielsweise nicht alleine gelassen werden möchte. Merle arbeitet zwar nach ihrem Urlaub wieder halbtags, hat aber eine ältere Nachbarin engagiert, die Bandit während dieser vier Stunden Gesellschaft leistet. Statt dass Bandit lernt, das Alleinsein allmählich zu ertragen, wird er in seinem Verhalten auch noch unterstützt und bestätigt. Wie immer dreht sich auch in dieser Frage alles um ihn.

Mit Beginn der Pubertät ist Bandit nicht nur fordernd und aufmüpfig, sondern immer häufiger verhält er sich anderen Hunden gegenüber aggressiv – jedenfalls an der Leine. Hierbei macht er keinen Unterschied, um welches Geschlecht es sich bei dem anderen Hund handelt. Er spult sein Verhalten vorhersagbar und stereotyp ab: Nichts wie drauf. Nur mit Mühe kann ihn Merle halten, wenn er in die Leine springt. Um dem Stress zu entgehen, wählt sie die Spazierrunden so, dass sie dabei möglichst wenigen Hunden begegnen. Wenn es sich nicht vermeiden lässt, wechselt sie meist die Straßenseite, um der Heftigkeit von Bandits Reaktion auf den jeweils anderen Hund die Spitze zu nehmen.

Immer wieder fragt sich Merle, was sie falsch gemacht hat. Sie hat sich doch so viel Mühe gegeben: Sie hat sich informiert und viele Bücher gelesen, sie hat sich mit der Rasse und ihren Ansprüchen beschäftigt, sie war mit Bandit in mehreren Welpen- und später Junghundgruppen, sie hat es mit Agility, Longier- und Dummytraining versucht. Doch statt des so ersehnten Kumpels, des Freundes durch dick und dünn, hat sie jetzt einen Hund an der Leine, den sie zwar heiß und innig liebt, der ihr aber jede Menge Stress bereitet. Das entspannte, innige Miteinander, das sie sich so sehr gewünscht hatte, ist ausgeblieben. Zwar kuscheln die beiden dann und wann, aber nur, wenn es Bandit gerade in den Kram passt. Merle genießt diese seltenen Augenblicke des Verschmelzens und der Harmonie, denn dann ist Bandit lieb und wunderbar. Dann ist er ihr Bandit.

Merle kann sich das alles nicht wirklich erklären. Schließlich ist es nicht so, dass Bandit nicht gut erzogen wäre. Sitz an der Bordsteinkante beispielsweise, das kann er richtig gut. Sitz an der Bordsteinkante war ihr nämlich wirklich wichtig. Sie hatte Angst um Bandit und hat sich deswegen gleich von Anfang an durchgesetzt. Hat sich Bandit nicht gesetzt, hat sie ihn ins Sitz gebracht. Hier hat sie seinem Aufbegehren ohne Wenn und Aber standgehalten, hier hat sie seinem Blick widerstanden, hier hat ihr seine geduckte, „traurige" Körperhaltung nichts ausgemacht.

Eines Tages geschieht etwas Schreckliches – jedenfalls aus Merles Sicht. Bandit prügelt sich im Freilauf mit einem anderen Hund. Es ist eine sehr laute Auseinandersetzung und Merle steht wie erstarrt am Rand und ist sich sicher, dass Bandit den Angriff des schwarzen Schäferhundes nicht überleben wird. Dass der andere der „Angreifer" war, daran zweifelt sie keine Sekunde. Als die beiden Rüden nach wenigen Minuten voneinander ablassen, sucht Merle mit Bandit sofort den Tierarzt auf, obwohl sie keinerlei Verletzung hat feststellen können. Bandit könnte sich schließlich innerlich verletzt haben und verbluten. Sie ist schweißgebadet, als sie in der Praxis ankommt. Jeder Nerv in ihrem Körper scheint zu vibrieren. Sie hasst aggressives Verhalten, sie kann damit nicht umgehen und es macht ihr folglich Angst.

Eine Hund ohne innere Ruhe

Nach diesem Zwischenfall ist Merle schon lange vor einer Begegnung mit einem anderen Hund alles andere als entspannt. Ihre Stimmung überträgt sich und trägt zur weiteren Verunsicherung Bandits bei. Merle weicht nun anderen Hunden konsequent aus – so etwas Schreckliches wie diesen Kampf möchte sie nie wieder erleben. Bandit darf nicht mehr mit anderen Hunden spielen oder anderweitig Kontakt zu ihnen aufnehmen. Das frustriert ihn. Frust zu ertragen wiederum hat er nicht gelernt. Und so wird Bandit eine Art gelebte Hibbeligkeit, ohne Ruhe, ohne Mitte, ohne Gleichgewicht.

Merle hat eine dumpfe Ahnung, dass sie auch eine Rolle in dieser Geschichte spielt. Doch diesen unangenehmen Gedanken schiebt sie beiseite und gibt stattdessen dem schwarzen Schäfermix die Schuld an der Misere. Seinetwegen zeigt Bandit jetzt eine immer heftigere Leinenaggression. Denn Bandit ist traumatisiert. Er ist „aus Angst" so aggressiv geworden. Dass er schon lange, sehr lange, auf dem Weg dorthin war, diesen unerträglichen Gedanken schiebt Merle leise aber bestimmt zur Seite. Und wechselt weiter die Straßenseite. Und geht weiter Konflikten aus dem Weg.

Sieht sie Kinder, leint sie Bandit an. Aber nicht nur das, sie versucht, ihn mit seinem Lieblingsball oder mit richtig guten Leckerlis von jedem möglichen Konflikt abzulenken. Sieht sie andere Hunde, weicht sie ihnen aus und holt auch mal das Quietschie aus der Manteltasche. Manchmal funktioniert es. Meistens aber nicht. Und Merle fühlt sich schlecht und leidet unter dem Gefühl „alles falsch gemacht" zu haben. Gibt es für Bandit und sie noch einen Ausweg?

ICH BIN ICH & DU BIST DU – PASSEN WIR ZUSAMMEN?

„Wer bin ich – wer bist du?“ Diese Frage stellt sich jeden Tag wieder neu und es liegt in meiner Verantwortung als Hundehalter, sie dem Hund auch jeden Tag wieder erneut in aller Klarheit zu beantworten. Dabei weiß ich, dass durch meine Souveränität und Selbstwertschätzung mein Handeln auch in den Situationen, in denen sich die unmittelbaren Interessen meines Hundes nicht mit meinen Zielen decken und ich dies in der jeweils angemessenen Form deutlich zum Ausdruck bringe, dennoch unsere Bindung zueinander, unsere Freundschaft miteinander, eine ganz andere Qualität bekommt.

Hier ist wieder die Passung zwischen Hund und Halter ein überaus wichtiger Faktor. Eine ungünstige Passung fällt während der Welpenzeit meist noch gar nicht weiter auf. Dann ist der kleine Kerl halt quirlig, dann knurrt er halt gerne mal, wenn ihm etwas nicht passt. Ist doch süß! Ist er dann ein Junghund, wird die Sache schon etwas schwieriger. Jetzt kommt er einfach nicht mehr runter oder sein Knurren ist von Schnappen und Zähnefletschen begleitet. Aber auch da wischt man Bedenken gerne beiseite. Ist eben kein ganz einfacher Hund, sondern einer, der weiß, was er will. Der hat halt Charakter, heißt es dann. Kommt aber die Pubertät und der Hund fordert ganz deutlich, was er will, kann man sich der Frage der Passung nicht mehr entziehen. Bin ich mit meiner geringen Körperspannung, meiner nachgiebigen Art und meiner geringen Bereitschaft, mich Konflikten zu stellen, einem Riesenschnauzer überhaupt gewachsen? Kann ich einem solchen Hund eine Orientierung in dieser Welt, in die ich ihn geholt habe, überhaupt bieten? Eine schonungslose Selbsteinschätzung ist hier unbedingt notwendig, eine Fehleinschätzung der eigenen Fähigkeiten leider häufig fatal. Ich muss mich fragen: Was will ich – und warum? Was gefällt mir – und weshalb? Mag ich den Hund, weil er groß, schwarz und bärtig ist oder weil ich seine besonderen Qualitäten nicht nur schätze, sondern sie auch managen kann? Möchte ich einen Kumpel, einen Freund oder geht es mir darum, dass der

Hund auf der Straße was hermacht? Ist Letzteres der Fall, muss ich mich knallhart fragen: Und was mache ich her? Entsprechen die Fähigkeiten des Hundes meinen Fähigkeiten? Wie sieht es in meiner Umgebung aus – kann solch ein Hund mit den ihm eigenen Möglichkeiten in meiner Umwelt überhaupt zurechtkommen? Der Herdenschutzhund in der Großstadtwohnung; der Jagdprofi neben der Autobahn; der Rottweiler als Therapiehund? *Die Potenziale eines Hundes bieten viele Möglichkeiten, aber sie sind nicht ohne Anstrengung zu verwalten. Und Potenziale müssen verwaltet werden!* Dieses Management muss einerseits vom Hund akzeptiert – und andererseits vom Menschen geleistet werden können.

Immer wieder sind Probleme darauf zurückzuführen, dass Menschen ihre Hunde nach optischen Kriterien aussuchen: Der ist niedlich, der sieht toll aus, der macht was her. Die Frage aber sollte lauten: Wer steht da eigentlich vor mir?

Wer bist du?

Wer bin ich?

Erziehung ist ein andauernder, lebendiger Lernprozess für alle daran Beteiligten. Wer denkt, er wüsste, wo es langgeht, hat eigentlich schon verloren. Gefragt sind Neugier auf und Interesse an dem Wesen, das sich da gerade seinen Weg in das Leben bahnt. Regeln, Übungspläne, Dauerbespaßung und feste Lehrpläne haben mit dieser Neugier nichts, aber auch gar nichts zu tun. Wichtig sind dem übergeordnete Dinge wie eine klare Haltung (was geht, was geht nicht), Konfliktfähigkeit und Liebe.

Liebe heißt, dass wir unseren Hund auch dann noch von Herzen mögen, nachdem er dem entgegenkommenden Rüden gegenüber gerade sehr undiplomatisch und außerordentlich unfreundlich seine offenbar tief empfundene Abscheu lautstark deutlich gemacht hat. Wenn er sich in einer toten Ente gewälzt hat. Wenn er plötzlich taub geworden ist und nicht kommt, wenn man ihn ruft. Wenn er herummackert oder herumzickt. Wenn er launisch und unberechenbar ist. Wenn er sich verändert.

Es ist also wichtig, dem Hund zu vermitteln, dass man unter Umständen sein gerade eben gezeigtes Verhalten nicht schätzt (und dies auch deutlich zum Ausdruck bringt), ihn selbst aber nach wie vor so richtig gern mag. Dein Verhalten geht nicht, aber du, du bist okay – *das* muss der Hund jetzt spüren!

Wie aber verhalten sich Menschen? Sie kramen den Rotstift hervor und schreiben eine lange Liste all jener Dinge, die als mangelhaft empfunden werden. Man könnte glatt meinen, ihre eigene Pubertät mit all ihren Hochs und Tiefs, den Phasen der Euphorie und der bodenlosen Niedergeschlagenheit angesichts eines einzigen Pickels wäre dem großen Vergessen anheimgefallen.

Ausgerechnet jetzt geben viele Hundehalter auf. Im Welpenalter war alles gut, ein Herz und eine Seele. Als Junghund wurde das Zusammenleben schon etwas schwieriger. Während der Rüpelphase müssen sie sich dann eingestehen, dass sie dem kleinen Kerl nicht wirklich gewachsen sind. Vielen erscheint das als etwas ganz Plötzliches, das ins Leben platzt und den Traum vom Kumpel durch dick und dünn, vom verständnisvollen Freund, vom *dream team*, mit einem einzigen, gut gezielten Fausthieb ein für alle Mal zerstört. Dabei ist es lediglich das bisherige Ende einer Entwicklung, die am Tag des Einzugs des Welpen in unser Zuhause seinen Anfang genommen hat.

Weil die Sache mit dem *dream team* nicht klappt und weil er sich ohnmächtig fühlt und hilflos und verwirrt, gibt jetzt der Halter seinem erst neun Monate alten Hund gegenüber auf, und zwar nicht nur in einzelnen Situationen, sondern meistens auf der ganzen Linie. Neun Monate und der Mensch, der sich für einen Welpen entschieden hatte, gibt auf. Die Kugeln sind gefallen, nichts geht mehr. Sie wissen nicht mehr weiter, Traum und Wirklichkeit klaffen meilenweit auseinander. Sie sind bitter enttäuscht darüber, dass ihre „Liebe" offenbar unerwidert und ohne jedes Echo verhallt.

Doch nicht der Hund hat seine Rolle nicht gefunden – sondern der Mensch. Wenn ich als Mensch und Hundehalter meine Rolle, sprich die Rolle des zu Erziehenden, nicht vollumfänglich annehme und damit auch die Verantwortung für das Gelingen unserer Beziehung übernehme, sieht es für die Zukunft schlecht aus.

Warum aber wird diese Rolle häufig nicht angenommen? Weil sie auch unangenehme Konflikte beinhaltet. Weil sie nicht immer schön ist. Weil man sich manchmal entscheiden muss, mag ich meinen Hund oder möchte ich von ihm geliebt werden? Wir scheitern jetzt aus Angst, die Liebe und Wertschätzung eines Hundes zu verlieren! Hoffnung auf Freundschaft – doch diese Hoffnung macht uns nicht stark, sondern hilflos. Nicht handlungsfähig, sondern ängstlich und unsicher. Wir lieben nicht mehr, sondern werden zum Bittsteller. Dabei ist Liebe die unbedingte Voraussetzung dafür, auch mal ernst sein zu können! Es geht eben nicht darum, dem Hund ständig nachzugeben, ihm jeden Wunsch bereits dann zu erfüllen, wenn er ihn noch gar nicht geäußert hat, und ihm ständig Geschenke zu machen, für die er sich dann aber, bitteschön, auch artig bedanken soll.

Es geht darum, ihn zu lieben, wie er ist. Und daran zu arbeiten, wie er sein kann – innerhalb seiner Möglichkeiten und innerhalb der Möglichkeiten seines jeweiligen Menschen.

Wie gut oder schlecht man mit dieser oft nicht ganz einfachen Übergangsphase zurechtkommt, hängt davon ab, welche sozialen Fähigkeiten der Mensch seinem Hund bis dahin hat vermitteln können. Sind diese Fähigkeiten vorhanden, geht es in der Tat um einen vorüberziehenden Sturm. Sind sie nicht vorhanden und der Mensch gibt sich geschlagen, wird sich der Sturm nicht beruhigen, sondern uns immer wieder mit plötzlichen Kapriolen überraschen.

Während der Pubertät wird alles bis dato Gelernte noch einmal auf seine Tauglichkeit hin überprüft und neu bewertet. Wenn aber vieles, was jetzt geordnet werden sollte, schlichtweg nicht vorhanden ist, kann die Pubertät nicht das leisten, wozu sie da ist: den Hund zu einer eigenständigen Persönlichkeit heranreifen zu lassen.

Zunächst eine begriffliche Klarstellung: Die Kastration bedeutet bei der Hündin die Entnahme der Eierstöcke und oftmals auch der Gebärmutter, beim Rüden die Entfernung der Hoden. Inwiefern diese Eingriffe dem deutschen Tierschutzgesetz zuwiderlaufen, ist eingedenk der schwammigen Auslegung desselben nicht wirklich eindeutig geklärt. Nach diesem Gesetz ist es verboten, Organe eines Tieres ohne medizinisch zwingende Indikation zu entfernen. Das Kastrieren unserer Haushunde wäre demnach ein Gesetzesverstoß.

Warum aber wird die Kastration sowohl bei der Hündin als auch beim Rüden ab einem bestimmten Alter fast schon routinemäßig ausgeführt? Wie kommt man überhaupt auf den Gedanken, einem Tier bestimmte Organe zu entnehmen? Weil es alle machen? Bekommen wirklich viele der nicht kastrierten Hündinnen Gebärmutterkrebs oder die gefährliche Gebärmutterentzündung? (Anmerkung: je nach Studie sind von Gesäugetumoren lediglich zwischen 0,2 und 1,8 % aller Hündinnen betroffen – siehe Udo Gansloßer.)

Die überwiegende Mehrheit der Besitzer von Hündinnen möchte mittels der Kastration diesen ernsthaften Erkrankungen vorbeugen. Bei Rüden wiederum steht meist der Wunsch einer Unterdrückung seines (aggressiven) Verhaltens im Vordergrund.

Bei beiden Geschlechtern gibt es Gründe, die für eine Kastration sprechen. Keineswegs soll hier der Eindruck entstehen, man müsse, dürfe, solle es so oder so machen. Nur sollte man sich bei der Entscheidungsfindung eines ganz klar vor Augen führen: Es ist ein massiver Eingriff nicht nur in den Körper, sondern in den Reifungsprozess des Hundes und hat weitreichende Auswirkungen auf sein Verhalten, die wir dann nicht mehr rückgängig machen können. Die Entscheidung sollte also im Sinne des Hundes oder der Hündin unbedingt sehr gut überlegt sein.

Der Hund kommt also ins Flegelalter, wird insgesamt ein wenig ruppiger, selbstständiger, aufmüpfiger – kurzum: schwieriger. Er ist jetzt kantiger als zuvor, er riecht plötzlich anders, er geht eigene Wege. Und prompt kommt der Tipp vom Tierarzt oder der Umwelt: Dann lassen Sie ihn doch kastrieren!

Gehörte unser Rüde zur Spezies Mensch, würde uns dieser Gedanke auch als erste Lösungsmöglichkeit bei plötzlich auftretendem, aber dem Alter durchaus entsprechendem Verhalten in den Sinn kommen? Der Junge mackert herum, pöbelt die Eltern an, kriegt Haare unter den Armen, fängt an zu stinken – ja, dann lassen Sie ihn doch kastrieren! Das wäre, mal abgesehen von der damit verbundenen Unmöglichkeit sich fortzupflanzen, hoffentlich gänzlich undenkbar. Ein solcher Vorschlag würde bei uns blankes Entsetzen auslösen. Bei Menschen wissen wir, welch massiver Eingriff das wäre und welche Konsequenzen er auch für die geistige und seelische Entwicklung hätte. Bei Hunden aber scheint uns dieses Wissen plötzlich abhandengekommen zu sein.

Auch Merle informiert sich über eine Kastration, die ihr Tierarzt ihr zur Lösung des Aggressionsproblems angeraten hatte. Nicht nur der Tierarzt ist der Meinung, dass eine Kastration sich positiv auf Bandits Verhalten auswirken würde. Viele sind dieser Meinung. Die Nachbarn, die ihre Nöte mitbekommen. Der Hundetrainer, bei dem die beiden Agility machen. Spaziergänger und andere Hundebesitzer, die ihr wohlmeinend einen guten Ratschlag erteilen wollen.

Der Rüde als solches würde danach ausgeglichener und weniger aggressiv sein – sprich: Er würde lieb sein. Diese Versprechungen sind für Merle sehr verlockend. Außerdem wird häufig auch das Argument angeführt, dass Rüden in unserer Gesellschaft sozusagen dauerhaft und rund um die Uhr frustriert wären, weil sie nur so selten Gelegenheit zum Geschlechtsverkehr haben. Da ist es ja geradezu unsere Pflicht, unsere Rüden aus dieser Notlage zu befreien!

Merle entschließt sich also zu einer Kastration – noch nicht einmal Holger hatte dagegen etwas einzuwenden. Doch dann der Schock: Es ändert sich nichts, auch nach Wochen nicht. Jetzt ist Bandit kastriert *und* unerzogen und wenn andere Rüden ihn sehen, fangen sie an zu fiepen – denn Bandit riecht jetzt gut für Rüden. Das wiederum macht Bandit so richtig stinksauer und er verhält sich noch aggressiver. Und so hat sich der Kreis geschlossen ...

Und Spencer? Gehen dem denn nie die Nerven durch? Prollt der nie herum? Legt der sich nicht mit anderen Rüden an? Doch, natürlich tut er das. Die heftigste Auseinandersetzung hatte er mit dem gleichaltrigen Nachbarsrüden Filou. Die beiden waren gemeinsam groß geworden, kannten und mochten sich – aber eines schönen Tages krachte es zwischen den beiden. Die Auseinandersetzung, ein Kräftemessen zwischen zwei Halbstarken, verlief lautstark. Filou biss Spencer schließlich ins Ohr und es gab mehr Blut, als die meisten Nerven haben. Dennoch war es eine oberflächliche Wunde, die zwar tierärztlich versorgt werden musste, aber nicht weiter schlimm war. Auch Filou hatte ein Loch an der Lefze davongetragen. Insgesamt keine schöne Angelegenheit, aber eine, die zwischen zwei hitzigen Jungspunden schon mal vorkommen kann. Thorsten, mit dem Spencer zu dem Zeitpunkt unterwegs war, nahm die Sache gelassen – solche spontanen und ausgesprochen giftigen Auseinandersetzungen kannte er von seinen Kindern. Treten, Kratzen, Schubsen waren zwar verboten, wurden aber dennoch häufig praktiziert. Gelegentlich, wenn ein solcher Streit zu sehr eskalierte, schritten Petra oder Thorsten auch energisch ein, aber eben nicht immer sofort und schon gar nicht immer automatisch.

Seit dem Streit mit seinem Kumpel Filou tritt Spencer im Umgang mit anderen Rüden sowohl vorsichtiger als auch gehemmter auf. Er hat offenbar gelernt, dass sich prügeln nicht unbedingt die erfolgreichste und angenehmste Form der Auseinandersetzung ist.

Auch Petra und Thorsten haben bei der Beißerei zwischen den beiden jungen Rüden etwas für die Zukunft gelernt. Sie nehmen ihren Hund jetzt ernster und unterbrechen Spencer auch schon mal im Vorfeld oder rufen ihn aus einem Spiel mit anderen heraus, wenn dieses zu kippen droht. Sie lassen also nicht jede brenzlige Situation einfach laufen, sondern zeigen hier und da Präsenz, damit ihr kleiner Rüde sich nicht zu einem großspurigen Oberproll auf der Hundewiese entwickelt. Der Unterschied zu Merle's Reaktion auf das aggressive Verhalten seitens des Hundes ist der, dass sie ein gutes Gespür für eventuell kritische Situationen haben und, noch wichtiger, dass sie aggressives Verhalten anderer nicht lähmt und somit am Handeln hindert. Sie beobachten eine möglicherweise brenzlige Situation genau und lassen sich in die aufgeregte Stimmung der Hunde nicht hineinziehen. Denn: Wie will man seinen Hund unterbrechen, wenn man selbst in genau derselben Stimmung wie der Hund ist? Die Stimmung des Hundes lautet schließlich: „Ich will herumprollen! Ich will zupacken!“ Hier ist es als Halter viel sinnvoller, die Stimmung flach zu halten – um dann ruhig und souverän eingreifen zu können. Schließlich ist es nicht die aufgeregte, sondern im Gegenteil die flache, unaufgeregte Stimmung, in der man seinen Hund nach einer Auseinandersetzung haben möchte. Man kann unmöglich erst die Stimmung des Hundes annehmen und sich mit ihm gemeinsam schrecklich aufregen und im gleichen Atemzug von ihm verlangen: „Hey, lass es bleiben!“ Bleibt man dagegen ruhig, bietet man dem Hund die Möglichkeit, sich nach einer solchen Situation an den Menschen zu koppeln und sich an ihm zu orientieren.

Natürlich gibt es auch gute Gründe, die für eine Kastration sprechen. Bei Hündinnen beispielsweise wäre dies eine bestehende Diabetes Mellitus (Blutzucker) oder eine Gebärmutterentzündung bzw. -vereiterung, bei den Rüden die Hypersexualität. Letzteres ist allerdings nicht mit einem häufigen Aufreiten des Rüden zu verwechseln!

Hypersexualität ist eine Verhaltensstörung, der Hund kann also nicht mehr von sich aus von seinem Tun ablassen. Ein hypersexueller Rüde hat nichts – gar nichts! – anderes mehr im Kopf. Sein Blick ist irre, sein Maul sabbert, sein Leben beschränkt sich auf ein einziges Thema und die restliche Welt, das Leben in seiner Vielfalt, ist er außerstande noch wahrzunehmen. Hier ist eine Kastration sicher die richtige Entscheidung.

Kastration jedoch ist kein Ersatz für Erziehung! Sie ist es nicht nur nicht, sie kann das auch gar nicht leisten. Doch gerade beim Rüden konzentrieren sich die Hoffnungen der Halter auf „irgendwie weniger Aggression". Nicht selten raten Tierärzte im Falle von beispielsweise einer Leinenaggression oder anderen Erziehungsproblemen zu einer Kastration. Statt in der Beziehung für eine entsprechende Handlungsfähigkeit des Menschen zu sorgen, werden viel zu häufig vorschnell Entscheidungen getroffen. Doch schaut man in die Tierheime, so sitzen dort nicht vorwiegend unkastrierte Rüden, sondern mindestens ebenso viele Kastraten, die irgendwie ins Wasser gefallen sind. Die Welt eines Hundes wird durch eine Kastration eben nicht klarer, sie wird tendenziell eher nebulös und undurchsichtig. Hilfe, wer bin ich – diese beklemmende Frage stellt sich so mancher kastrierte Hund jeden Tag aufs Neue.

Ein entspanntes Zusammenleben mit dem Hund – wer wünscht sich das nicht! Doch führt eine Kastration überhaupt zu den Änderungen im Verhalten, die mit diesem Eingriff gewünscht waren? Möglich ist nämlich, dass sich gar nichts ändert. Möglich ist auch, dass das Verhalten schlimmer wird. Und ebenso möglich ist es, dass sich die Situation tatsächlich insgesamt entspannt. Welche dieser drei Varianten aber dann im Einzelfall eintritt, ist Glückssache und lässt sich nicht vorhersagen.

Versetzen wir uns einmal in die Lage eines unlängst kastrierten Rüden. Stellen wir uns vor, er wäre als Junghund schon einige Zeit als kleiner Macker um den Block gezogen und hätte auch auf der Hundewiese eine gute Figur gemacht. Er wurde von allen begrüßt, die Hündinnen waren besonders freundlich. Keine Frage, er war wer. Er hatte eine Identität. Eines Tages nun wacht er in einem langen schmalen Flur mit Steinfußboden auf, hat eine Halskrause um und die Eier sind ab. Der wirkliche Schock aber steht ihm noch bevor: die Hundewiese. Nichts da mit netter Begrüßung, hey Alter, wie steht's. Hier wird er erst einmal von allen Seiten beschnüffelt und dann in die Mangel genommen. Wie er jetzt auf seine Kumpels wirkt, braucht er sich gar nicht mehr zu fragen – sie haben es ihm bereits deutlich mitgeteilt.

Wie werden in Zukunft Begegnungen mit anderen Hunden verlaufen? Kommunikation ist eine sehr komplexe Angelegenheit und geruchliche Aspekte spielen bei Hunden eine Schlüsselrolle. Wie riecht er jetzt? Werden sie schlau aus ihm?

Stellen Sie sich einen Siebzehnjährigen vor, der bereits seit drei Jahren in der Disco eine gute Rolle spielt. Auf einmal kommt er an und hat eine helle Stimme. Wie sehen ihn seine Kumpels? Die Welt mit Männern und Frauen ist, unabhängig von der sexuellen Orientierung, eine klare Welt – sie besteht aus Männern und aus Frauen. Welche Rolle aber spielt in dieser Welt ein Kastrat?

Die Kastration ist sowohl beim Rüden als auch bei der Hündin ein massiver und folgenschwerer Einschnitt. Mit diesem Eingriff wird der normale, auf bestimmte hormonelle Veränderungen angewiesene Entwicklungs- und Reifungsprozess unterbunden. Auch bei der Hündin sind die Auswirkungen weit reichend. So wird die Hündin mit jeder der ersten Läufigkeiten ein klein wenig erwachsener, reifer und somit eigenständiger und souveräner im Umgang mit sich und ihrer Umwelt. Denn Östrogene, und bedingt auch das Testosteron, sind an der Neuordnung und Neubewertung von Nervenzellen im Gehirn beteiligt. Unterbindet man diese normale Entwicklung oder lässt die Hündin aus Sorge um den weißen Teppich bereits vor der ersten Läufigkeit kastrieren – was allein aus ethischen Gründen grundsätzlich abzulehnen ist – so bleibt sie oft ein Leben lang kindlich, unausgegoren, planlos und häufig auch unsicher.

Ist es das, was wir wollen? Ist es der Wunsch, einen kindlichen Hund – genauer gesagt: einen Welpen – zu behalten, die Sehnsucht nach jemand ewig Infantilem? Wollen wir einen Fleischtamagotschi, also ein Wesen, das man hegen und pflegen kann, das in Bezug auf Geschlechter aber wie ein Zombie durch das Leben irrt?

Oder ist es das mulmige Gefühl, unser Rüde könnte aggressiv werden – und die eigene Gewissheit, dass wir damit schlecht umgehen können? Wollen wir uns deswegen die Hunde zu etwas formen, das sie gar nicht sind?

Niemand hat versprochen, dass alles ganz einfach sein wird. Niemand hat gesagt, dass wir um Konflikte herumkommen. Niemand hat behauptet, dass unser Hund geschlechtslos ist. Akzeptieren wir doch die Geschlechter! Akzeptieren wir, dass sich mit Beginn der Pubertät unser Hund und das Leben mit unserem Hund verändern. Es wird anstrengender – aber auch aufregender. Aus dem kleinen, zuckersüßen Fellknäuel schält sich ganz allmählich eine richtige Persönlichkeit heraus: unverwechselbar unser Hund!

Wenn der Hund die Torte vom Tisch klaut, haben viele Menschen ein Problem damit, ihm einen Klaps zu geben – lassen ihm aber ohne die geringsten Skrupel die Hoden abschneiden! Der Klaps – unmöglich, das geht nun gar nicht! Die Hoden aber, kein Problem. Das ist wirklich alles andere als nett! Jetzt fragt niemand, ob das nicht vielleicht das Vertrauen des Hundes beschädigt oder er für den Rest seines Lebens traumatisiert bleiben wird. Das, was beizeiten so vieles hätte in die richtigen Bahnen lenken können, wird jetzt ohne zu zögern geleistet: nämlich zu handeln. Es wäre doch viel netter, aufmerksamer und für Mensch und Hund förderlicher, jetzt nicht zum Skalpell zu greifen, sondern dem Hund ein intensiveres Gespräch anzubieten. Mit einem pubertierenden Kind geht man ja auch in ein intensiveres Gespräch, nimmt sich Zeit, denkt nach, kommt zu Lösungen. Wenn es jetzt Unstimmigkeiten gibt zwischen Hund und Halter, wäre es doch nahe liegend, diese Unstimmigkeiten noch einmal unter die Lupe zu nehmen und sie, möglicherweise unter Zuhilfenahme eines kompetenten Hundetrainers, auszuräumen.

HOFFNUNG AUF FREUNDSCHAFT

Schauen wir uns Bandit und Spencer noch einmal an. Spencer ist ein ausgeglichener, im Großen und Ganzen gehorsamer und verträglicher Hund geworden. Er weiß, was er darf und was nicht. Mit anderen Hunden, sowohl mit Rüden als auch mit Hündinnen, versteht er sich in aller Regel gut. Er ist voller Tatendrang, kann aber auch gut mal ein paar Stunden an einem Platz liegen bleiben. Spencer ist mit sich und der Welt zufrieden.

Bandit dagegen ist nicht ausgeglichen, sondern unruhig, hibbelig, nervös. Er versteht sich schlecht mit anderen Hunden, ist rüpelhaft im Umgang mit kleineren oder schwächeren Artgenossen und verhält sich aggressiv an der Leine. Sein Tatendrang hat nichts mit Freude zu tun, nichts mit der Lust am Leben, sondern ist lediglich der Versuch, seine Umwelt zu kontrollieren und immer wieder aufs Neue herauszufinden, was geht und was nicht. Er fordert von früh bis spät und setzt dabei alles vom harmlosen, aber nervenden Dauerfiepen über Schnappen und auch mal Zubeißen ein. Er mag Merle und auch Holger, kann sich aber nicht an ihnen orientieren und stellt sie folglich immer wieder in Frage, wenn sie ihm Vorgaben machen wollen. Dass er die beiden nicht wirklich ernst nehmen kann, verleitet ihn wiederum zu der Annahme, dass er sich um alles kümmern muss und folglich auch die meisten Entscheidungen nicht nur treffen kann, sondern treffen muss. Er empfindet sein Leben als ausgesprochen anstrengend und kommt selten zur Ruhe.

Einem Welpen einen verbindlichen Rahmen vorzugeben, innerhalb dessen er sich frei bewegen und die Welt erkunden kann, hat, wie wir gesehen haben, nichts mit unfairer Bevormundung, Gängelei oder der Demonstration von Macht zu tun. Es geht nicht darum, dem Hund gegenüber kleinlich und penibel bei jeder sich bietenden Gelegenheit den Chef herauszukehren, sondern einfach nur der Chef zu *sein*. Dieser Rolle fällt es dann auch zu, dafür zu sorgen, dass sich der Hund in Ruhe entwickeln und ausreifen kann. Ein guter Chef ist kein lauter Chef, der seine Angestellten herumkommandiert, noch ist er einer, der sich allmorgendlich bei ihnen anbiedert, indem er jedem von ihnen eine Tasse Kaffee an den Schreibtisch bringt. Ein guter Chef ist jemand, der bestimmte Entscheidungen fällt, die dann wiederum für alle verbindlich sind.

Ein Hund wie Bandit aber muss die Entscheidungen, die eigentlich Merle und Holger für ihn fällen sollten (Was ist richtig? Was ist falsch?), selber fällen und mit den Folgen leben. Denn kaum entscheidet er, ist es die falsche Entscheidung. Dieser Situation ist er nicht wirklich gewachsen, er ist also überfordert und dadurch unruhig. Er hat nicht gelernt, auch mal etwas einfach als gegeben hinzunehmen, sondern muss ständig überprüfen, ob er an der Entscheidung anderer nicht doch noch etwas drehen kann. Das ist unglaublich anstrengend und zehrt an den Nerven.

In einem sozialen Gefüge – ob nun innerhalb der Familie, in der Schule oder unter Freunden – nehmen wir alle unterschiedliche Rollen ein. Diese sind meistens auch an Entscheidungsbefugnisse gekoppelt: Ein Lehrer entscheidet über andere Dinge als ein Mitschüler, Eltern entscheiden über andere Dinge als ihre Kinder. Noch deutlicher: Eltern sind befugt, bestimmte Dinge für ihre Kinder zu entscheiden, Lehrer sind befugt, bestimmte Dinge für ihre Schüler zu entscheiden. Sie sind nicht nur befugt – sie *müssen* diese Rolle einnehmen, damit ihr Kind oder ihr Schüler sich entsprechend entwickeln kann. Ein häufiges Missverständnis ist die Vorstellung, dass man in der Wahrnehmung dieser Befugnisse, dieser Verantwortung, die Persönlichkeit von Abhängigen, ob nun von Kindern oder Hunden, verletzt. Freiheit wird ins Feld geführt, demokratisches Verhalten gefordert, Einschränkungen sind verpönt. Doch ist es wirklich der Persönlichkeitsentwicklung meiner zweijährigen Tochter zuträglich, wenn ich sie nicht an die Hand nehme, bevor wir eine sechsspurige Straße überqueren? Reift dadurch ihre Entscheidungsfähigkeit – oder ist sie nicht vielmehr mit dieser Situation und den möglichen Auswirkungen einer selbst bestimmten und eigenständigen Überquerung der Straße in diesem Alter überfordert?

Einschränkungen und Vorgaben sind auch bei unseren Hunden einer gesunden Entwicklung nicht nur förderlich, sondern für diese unabdingbar. Sie schaffen Platz und Ruhe für das Heranreifen und die Ausbildung zahlreicher Fähigkeiten. Vor allem aber ermöglichen sie durch eben diesen Platz und diese Ruhe Freiräume für Experimente.

Ein kleiner Hund muss viel lernen. Was darf er, was darf er nicht? Wie gelingt es ihm, mit anderen gut auszukommen? Wie gelingt es ihm, mit seinen besonderen Talenten und Anlagen in dieser Umwelt zu leben? Wie gut kann er Situationen meistern, denen er eigentlich gar nicht ausgesetzt sein will (Stichwort alleine bleiben)?

Dafür bedarf es eines Rahmens, einer Struktur, die dem Welpen und Junghund auf diesem nicht immer einfachen Weg Sicherheit und Ruhe geben. Lebensfreude und Verträglichkeit, Besonnenheit und Souveränität erwachsen aus solchen Einschränkungen, *ja mehr noch: sie können sich nur dort entwickeln.*

Die Vorfreude ist riesig, die Hoffnungen sind groß, wenn ein Welpe bei uns einzieht. Wir haben nicht nur ein, sondern tausend Bilder im Kopf. Wir stellen ihn uns vor, unseren Hund, wie er werden wird. Er wird lieb, treu, schön und klug. Und er wird unser bester Freund, ganz sicher.

Es sind hohe Ziele, die wir erreichen wollen. Was ist, wenn der Hund nicht wirklich klug ist? Was, wenn er von Treue nicht viel hält? Was, wenn der Hund nicht so schön wird wie vom Züchter versprochen? Oder wenn er gar nicht lieb sein sollte – was dann?

Dann bröckelt der Traum, dann verwischt das Bild, dann sind wir enttäuscht. Du sollst dir kein Bildnis machen – das wissen wir, aber es gelingt uns nicht.

Wir haben es mit einem eigenständigen Wesen zu tun. Vieles können wir beeinflussen, manches aber auch nicht. Manches bringt unser Hund mit, weil er ein Hund ist. Das müssen wir von ganzem Herzen bejahen, wenn wir ihn wirklich lieben.

Und wir lieben ihn, kein Zweifel. Wir wollen und müssen ihn lieben. Denn wenn wir ihn nur arg genug lieben, wird er uns auch lieben. Das erscheint so logisch, so unausweichlich richtig, da kann gar nichts schief gehen. Aber ist dem auch so?

So einfach ist es leider nicht. Vor allem dann nicht, wenn mit Liebe die eigene Aufopferungsbereitschaft gemeint ist. Ich will dein Schatten sein, ich erfülle dir jeden Wunsch, ich bette dich wie eine Prinzessin, aber ohne die Erbse. Ich kaufe dir Würstchen, ich werfe den Ball für dich, ich gehe überall hin, wohin du mich ziehst.

Wenn du mir über die Hand leckst, bin ich glücklich. Wenn du mich anschaust, wird mir ganz warm. Wenn du auf mich zufliegst, flippe ich aus. Ich und Du – wir sind eins.

Was aber bewegt jemanden dazu, sich so zu verhalten? Ist diese Liebe so selbstlos, wie sie scheint? So rein, so hingebungsvoll, so ganz und gar im Interesse unseres Gegenübers? Oder tun wir das alles in der Hoffnung, dass auch für uns etwas dabei herausspringt? Tun wir es in der Hoffnung auf Freundschaft?

Warum fällt es uns so schwer, die Rolle und Aufgabe eines Erziehenden wahrzunehmen? Warum ist sie uns fremd und auch ein wenig unangenehm? Warum betrachten wir lieber unsere Hunde als gleichberechtigte Sozialpartner und muten ihnen Entscheidungen zu, die sie nicht imstande sind zu fällen? Weil wir selbst ungern Entscheidungen treffen? Weil unsere Vorstellung von Freundschaft solche Dinge irgendwie ausschließt?

Fast jedem ist klar, dass mit der Aufnahme eines Welpen genau dieser Erziehungsauftrag auf uns zukommt. Nur gehen viele davon aus, dass es mit Sitz, Platz, Fuß getan ist. Wir besuchen mit unserem Hund eine Hundeschule, dort wird er sozialisiert und lernt ein paar Kommandos. Dann gehen wir gut sozialisiert wieder nach Hause und unser Hund macht immer das, was von ihm verlangt wird.

Die Wirklichkeit sieht anders aus.

Erziehung findet zwischen den Zeilen statt, dort wo Fragen gestellt und Grenzen ausgelotet werden. Dort, wo Antworten gegeben werden müssen und ein Rahmen abgesteckt wird. Das kann auch mal in einem unerfreulichen Streitgespräch enden, es können unangenehme Konflikte auftauchen. Das ist nicht unbedingt immer alles nur schön, lieb und gut. Und so manches Mal muss man sich entscheiden: Liebe ich meinen Hund – oder möchte ich von ihm in jedem Augenblick rund um die Uhr geliebt werden? Nicht immer ist beides möglich.

Eine Freundschaft aber, die auch Konflikte überstanden und an ihnen gewachsen ist, ist eine, auf die wir nicht hoffen, um die wir nicht bangen müssen. Sie macht uns handlungsfähig statt hilflos, sie macht uns stark und glücklich statt ängstlich und verzagt. Sie ist beständig und wird mit den Jahren immer inniger. Und sie sagt leise, aber für alle hörbar:

Wir gehören zusammen!

Am 25. Mai 2011 wurde Bandit im Tierheim abgegeben. Auf seinem Schild steht:

Bandit, Australian Shepherd, 18 Monate, Rüde kastriert
Behördliche Auflagen (Maulkorb- und Leinenpflicht)
Keine weiteren Auffälligkeiten. Lieb.

ZUM WEITERLESEN

Bloch, Günther & Elli H. Radinger: Wölfisch für Hundehalter. Kosmos-Verlag 2010.

Feddersen-Petersen, Dorit Urd: Hundepsychologie. Kosmos-Verlag 2013.

Feddersen-Petersen, Dorit Urd: Ausdrucksverhalten beim Hund. Kosmos-Verlag 2008.

Fischer, Sandra: Abbruchsignale der Hunde. Diplomarbeit Maximilians-Universität Würzburg 2007.

Gansloßer, Udo & Sophie Strodtbeck: Kastration und Verhalten beim Hund. Müller-Rüschlikon Verlag 2011.

Grewe, Michael & Inez Meyer: Hunde brauchen klare Grenzen. Kosmos-Verlag 2010.

Handelman, Barbara: Hundeverhalten. Mimik, Körpersprache und Verständigung. Kosmos-Verlag 2010.

Hassenstein, Bernhard & Helma: Verhaltensbiologie des Kindes. Spektrum Akademischer Verlag 2001.

Juul, Jesper: Gespräche mit Eltern. Verlag Götz Dorfles 2009.

Rauth-Widmann, Brigitte: Die Sinne des Hundes. Wie Hunde ihre Welt wahrnehmen. Kosmos-Verlag 2014

Trumler, Eberhard: Hunde ernst genommen: Zum Wesen und Verständnis ihres Verhaltens. Serie Piper 2007.

Wüschner, Peer: Grenzerfahrung Pubertät. Eichborn Verlag 2005.

Zimen, Erik: Der Hund. Goldmann Verlag 1992.

REGISTER

Bildnachweis
Mit 28 Illustrationen von
Miriam Warwas.

Impressum
Umschlaggestaltung von eStudio Calamar unter Verwendung von zwei Farbzeichnungen von Miriam Warwas.

Mit 18 Farbzeichnungen und 12 Schwarzweißzeichnungen.

Alle Angaben in diesem Buch erfolgen nach bestem Wissen und Gewissen. Sorgfalt bei der Umsetzung ist indes dennoch geboten. Verlag und Autoren übernehmen keinerlei Haftung für Personen-, Sach- oder Vermögensschäden, die aus der Anwendung der vorgestellten Materialien und Methoden entstehen könnten.

Unser gesamtes Programm finden Sie unter **kosmos.de.**
Über Neuigkeiten informieren Sie regelmäßig unsere Newsletter, einfach anmelden unter **kosmos.de/newsletter**

Gedruckt auf chlorfrei gebleichtem Papier

FSC
www.fsc.org
MIX
Papier | Fördert gute Waldnutzung
FSC® C014889

ISBN 978-3-440-12762-9
Redaktion: Hilke Heinemann
Gestaltung und Satz: Kullmann & Partner GbR / Kristijan Matic
Produktion: Eva Schmidt
Druck und Binden: Friedrich Pustet GmbH & Co. KG, Regensburg
Printed in Germany / Imprimé en Allemagne